世界を
変えた
科学史

2600年のサイエンスヒストリア

東大卒理科教師
三澤信也

彩図社

まえがき

この本のキーワードは「バトン」です。

私たちが生きる現代は、科学技術が発展した世界です。遠い宇宙のことについても、目に見えない小さな世界のことについても、非常に多くの知見が得られています。

また、便利で豊かな生活を享受できるのも科学技術のおかげです。

もちろん、ここに至るまでには非常に長い年月がかかりました。私たちは、紀元前の頃からすでに自然科学の探究に取り組み、少しずつ発展を積み重ねてきました。そしてたどり着いた結果としてあるのが現代科学です。

ここでポイントとなるのが、「バトンをつなぐ」ということです。

科学は必ずしも一朝一夕に大発展を遂げられるわけではありません。ある発見が次の発見につながり、それがまた次につながりといったことを繰り返すことで発展してきたのです。

もちろん発見の一つひとつにも価値があるわけですが、それらがつながることで大きな意味が生まれるのです。

科学的な発見は、簡単に得られるものではありません。時代を経ながら少しずつ知見が得られてきました。もしもこれらがつながらなければ、科学は進歩しませんでした。

現代科学は、科学者たちがバトンをつないできたからこそのものであると分かります。

そこで、本書では「天文」「光」などのテーマごとに、それぞれの時代の科学者たちが挙げた成果がどのように引き継がれ、発展してきたのか紹介します。科学者たちがどのようにバトンをつないできたか、ここにこそ科学史の醍醐味があるのです。

その中ではもちろん、自然観の変遷が起こります。科学者たちの発見によって、人々の自然の捉え方が変わっていくのです。本書は、このような視点を重視して書きました。
　数々の発見によって自然観は移り変わっていきますが、その結果ずっと昔に否定された自然観が復活したりと、科学史にはたくさんのドラマがあふれています。本書を通して、科学史の面白さを存分に味わっていただけたらと思います。

三澤　信也

「世界を変えた科学史」もくじ

2章 地球が動いていることが分かるまで

3章 物質はどこまで分割できる？

4章 化学を発展させた錬金術

5章 熱の正体が分かるまで

6章　光の2面性が分かるまで

7章 放射線を利用できるようになるまで

8章　電気と磁気を使いこなすまで

9章 相対性理論と量子の世界

1章 私たちが「力」の正体を知るまで

私たちが常に受けている多くの「力」

私たちは、意識しようとしまいと、常に何らかの力を受けながら生活しています。例えば地球上で暮らす誰もが、地球から「引力」を受けています。だからこそ、地球から離れて宇宙空間へ放り出されてしまうといったことは起こりません。

地球から受ける引力は「重力」と呼ばれます。

もちろん、私たちは重力以外の力も受けています。もしも重力だけを受けていたら落下を続けることになってしまいますが、実際には地面や床から支える力を受けています。

また、歩いたり走ったりできるのは「摩擦力」を受けるからです。車が走るときも同様です。道路からの摩擦がなければ、車は前進できません（スリップ状態です）。

力には他にもたくさんの種類がありますが、力を受けない生活はあり得ないことが分かると思います。

このように身近である力について、古くから人類は考察を行ってきました。この章では、その歴史を紐解いてみたいと思います。

アルキメデス「支点があれば地球も動かせる」

力が物体に及ぼす影響については、古くから研究が行われてきました。その中でも大きな功績を残したのが、アルキメデス（紀元前287頃－前212）です。

アルキメデスはギリシャの数学者であり、数学の研究に取り組んだ人です。例えば、円周率πが「3.142 86＞π＞3.140 86」の範囲の値であることを見出したのもアルキメデスです。現在、4年に一度、大きな功績を残した数学者に与えられるフィールズ賞のメダルには、アルキメデスの肖像が刻まれています。

アルキメデスの功績は数学にとどまらず、投石器、起重機、螺旋揚水機の発明など多岐にわたります。

そして、有名なのは「てこの原理」と「浮力の原理」の発見です。

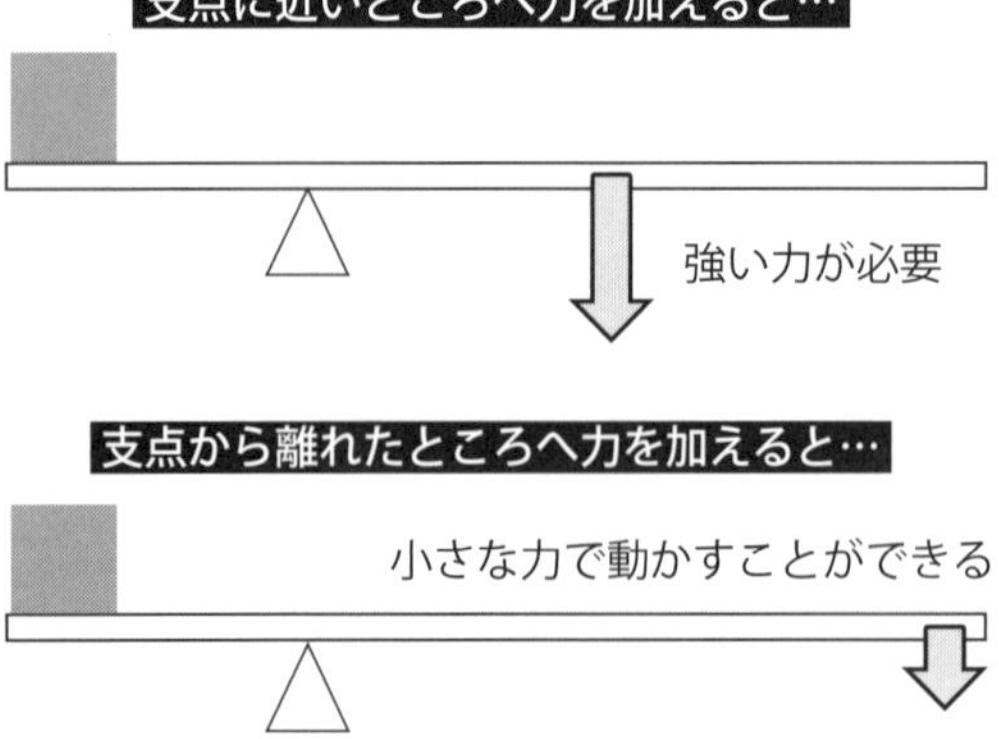
支点に近いところへ力を加えると…
強い力が必要
支点から離れたところへ力を加えると…
小さな力で動かすことができる

てこの原理

てこの原理は有名ですが、念のため少し説明すると、支点から離れたところへ力を加えるときほど、小さな力で済むことを述べたものです。

アルキメデスの有名な言葉に「我に支点を与えよ。地球をも動かさん」というものがあります。地球はとてつもなく重いですが、てこの原理を利用すれば持ち上げられるはずだ、と述べたものでしょう。

アルキメデスが発明した投石器は、てこの原理を応用したものでした。

アルキメデスが発明した兵器は国防に貢献し、当時のローマ帝国でさえアルキメデスのいたギリシャに攻め込むのにはかなり苦労したとも言われます。

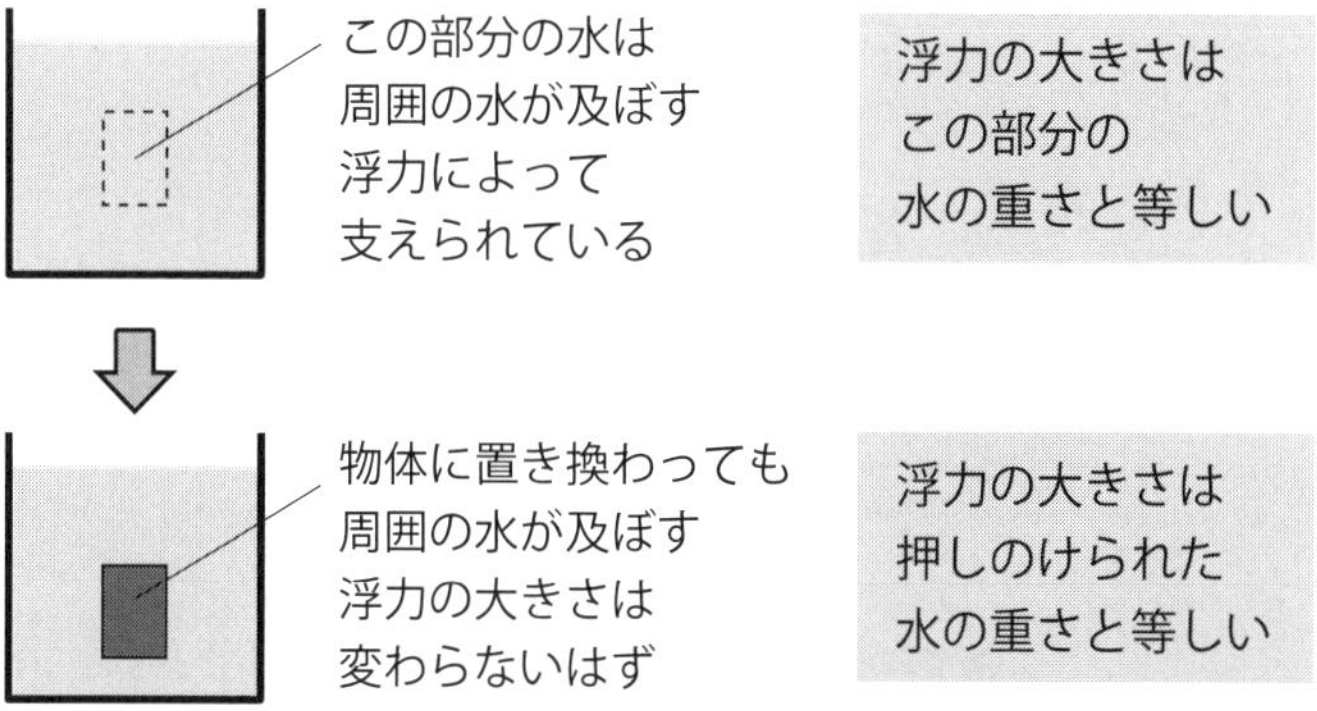
この部分の水は
周囲の水が及ぼす
浮力によって
支えられている
浮力の大きさは
この部分の
水の重さと等しい
物体に置き換わっても
周囲の水が及ぼす
浮力の大きさは
変わらないはず
浮力の大きさは
押しのけられた
水の重さと等しい

浮力

浮力の原理は「**アルキメデスの原理**」とも呼ばれます。

これは、「水中に沈んでいるものは、その物体が押しのけた水の重さと同じ分だけ浮力を受ける」というものです。

このことは、もともと水中に何も沈んでいなかったときを考えると理解できます。

アルキメデスは、この原理を純金に見える王冠が本当に純金かどうか調べるために使ったという逸話が残っています。

あるときアルキメデスは、金製の王冠に、金以外の不純物が混ざっていないか調べるように言われました。金に多少の不純物が混ぜられていても、見た

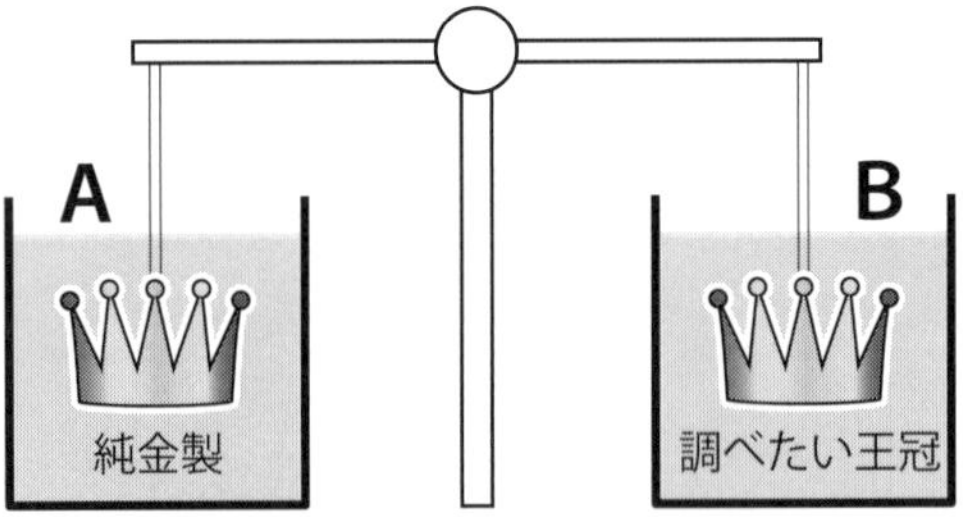

ＡとＢは同じ質量

天秤がつりあったらＢも純金製

目では分かりません。当時は、調べる手段がなかったのです。

そこでアルキメデスは、上のような方法で王冠が純金製かどうか調べました。

図のＡとＢの重さは等しいので、天秤がつりあうには水から受ける浮力の大きさも等しくなる必要があります。

ここで、浮力の大きさが等しくなるには、ＡとＢの体積が等しい必要があります。

さて、ＡとＢの重さ（質量）と体積が等しければ、「質量÷体積」と求められる「密度」が等しいことになります。そして、Ｂの密度がＡとまったく等しければ、Ｂは純金製と分かるのです。金以外の物質で、金とまったく等しい密度を実現することはできないからです。

以上のことから、天秤がつりあえばＢは純金製、天秤がつりあわなければＢには不純物が混ざっていると言えるのです。

実際に調べた結果、天秤はつりあわなかったそうです。アルキメデスは、浮力の原理を利用して偽物を見破ったのです。

アルキメデスが発見したてこの原理と浮力の原理は、**「静力学《せいりきがく》」**の代表的な原理です。静力学は、「つりあいの状態にある力」について考察するものです。てこの原理は、てこの支点を挟んだ両側にはたらく力がつりあう状態について考えるものです。両者がつりあわず、例えばてこが回転するような状況は「静力学」の範疇を超えます。浮力の原理も同様です。水中に浮かんで静止している（重力と浮力がつりあっている）状況を扱うのが「静力学」です。

力がつりあわない状況を考える物理学は、「動力学《どうりきがく》」と呼ばれます。これについてはこの後説明していきますが、動力学が確立されるまでには長い年月がかかりました。

さて、敵であったローマ軍にもアルキメデスの名は知れ渡っており、アルキメデスの命は奪ってはならないという命令が出ていました。しかし、アルキメデスはローマ軍に命を奪われてしまいます。

ローマ軍と遭遇したとき、アルキメデスは地面に図形を描いて問題を考えていました。しかし、兵士はアルキメデスだとは思わず、その図形を踏みつけます。「私の図を踏むな」と一喝したアルキメデスに対し、腹を立てたローマ兵が斬りつけたと言われます。

アリストテレス「力は2種類に分けられる」

つりあいの状態にある力については、感覚的に理解しやすいものでしょう。

それでは、つりあわない力は物体にどのような影響を与えるのでしょう？

これを考えるのが「動力学」であり、「静力学」と並んで紀元前から研究されてきました。

代表的なのは、アリストテレスです。

アリストテレス（前384－前322）は、ソクラテス、プラトンの後継者とされるギリシャ哲学を完成させた人物として有名です。当時の哲学は現代の意味とは違い、自然科学もメインターゲットのひとつでしたが、それまでの哲学を、自然科学や倫理学といった学問として体系化した人物でもあります。幅広い学問に精通し、後世に大きな影響を与えた「諸学の父」とも呼ばれます。

アリストテレスは本書で何度も登場しますが、まず力の研究に大きな影響を及ぼした人として紹介します。

アリストテレスは、「**物体が運動する（動く）原因は力である**」と考えました。静止状態にある物体が動き出すには、力が必要だということです。

たしかに、何も力が加わらないのにボールが勝手に動き出すということはありませんね。

アリストテレスのこの考えは納得できますし、現代の視点からも正しいと言えます。

ただし、これに続く考えが問題です。

アリストテレスは、「**（動いている）物体に力がはたらかなければ、やがて止まる**」としました。

たしかにこれも、私たちの感覚に合致します。転がっているボールが、ずっと転がり続けるということはありません。やがて止まります。私たちは、身近なところでずっと動き続けるものを目にすることはありませんね。だから、この考えが腑に落ちるのでしょう。

しかし、本当に「力がはたらかなければ」止まるのでしょうか？

このことについては、ガリレオの項目（31ページ〜）で詳しく検証しますが、結論としては正しくありませんでした。

またアリストテレスは、物体の落下についても考察しました。そして、「重力は物体に内在する力であり、これによって落下運動が起こる」としました。

アリストテレスは、力を2種類に分けて考えたのです。

1つは押されたり引かれたりという、**接触によって起こる力**です。

もう1つは、落ちようとするはたらきを持つ重力のように**物体に内在する力**です。

アリストテレスは、「重い物体ほど内在する重力が強く、軽い物体よりも速く落下する」と考えました。これも私たちの感覚に合致するようにも思えますが、正しいと言えるのでしょうか。

ガリレオの項目で検証しますが、こちらも現在では正しくないとされます。

以上がアリストテレスの考えであり、私たちにとって感覚的に納得しやすい内容でしょう。そのために、その後の長い間、アリストテレスの考えは支持され続けたのです。

フィロポノス「物体が動き続けるのは力を受け続けるからではない」

アリストテレスの考えは正しいのでしょうか？

まずは、「（動いている）物体に力がはたらかなければ、やがて止まる」ということについて疑問を持った人を紹介します。６世紀にキリスト教徒として活躍した、ヨハネス・フィロポノス（４９０頃－５７０頃）です。

彼は、「物体が動き続けるのは、力を受け続けるからではない」としました。アリストテレスの考えを否定したのです。

そして「物体は、動き出すときに与えられたエネルギーを使って運動する。そして、エネルギーを使い果たすと止まる」と考えました。

フィロポノスの考えも、現代の視点からすれば正確とは言えません。それでも、大きな変化をもたらしたと言えます。フィロポノスの考えは、のちにガリレオが見つけることになる「慣性」という概念につながるものでした。

ビュリダン「力が物体の運動を推進するから運動が続く」

もう一人、アリストテレスの考えに疑問を持ったのが、フランスの司祭であり哲学者として14世紀に活躍したジャン・ビュリダン（1295頃－1358）です。

彼の思索のきっかけは、大砲の弾丸でした。ビュリダンの生きた時代にヨーロッパで大砲が発明され、脅威となっていたことが影響したのでしょう。

ビュリダンは大砲が発射した弾丸が遠方まで運動を続ける理由を考えました。

というのは、弾丸は空気から押されるのではなく、むしろ抵抗を受けながら運動しているはずです。

弾丸に（推進する向きに）力がはたらかなければ動き続けることがないのなら、大砲を発射した後すぐに止まってしまうはずです。そうならないのはなぜか？

ビュリダンは、大砲から発せられるときに弾丸に「力」が入り込むのだと考えました。そして、その力が物体の運動を推進するため運動が続くとしたのです。

ここで言う「力」は、フィロポノスの言った「エネルギー」に近い考え方でしょう。つまり、ビュリダンの考えもガリレオの「慣性」という概念につながるものだったのです。

ブルーノ「マストから落とした石は真下に落ちる」

フィロポノスやビュリダンに代表されるように、アリストテレスの考えには徐々に疑問が持たれるようになります。それでも、偉大なアリストテレスの考えを人々は長いこと信奉してきました。

この流れに決定的な変化をもたらしたのが、地動説です。地動説が、「アリストテレスの考えは間違っているのではないか?」という人々の疑念を確信へと変えていくことになったのです。

地動説の詳細は2章に譲りますが、時代が変わって多くの人が地動説に関心を寄せるようになる中で、次のような批判が浴びせられました。

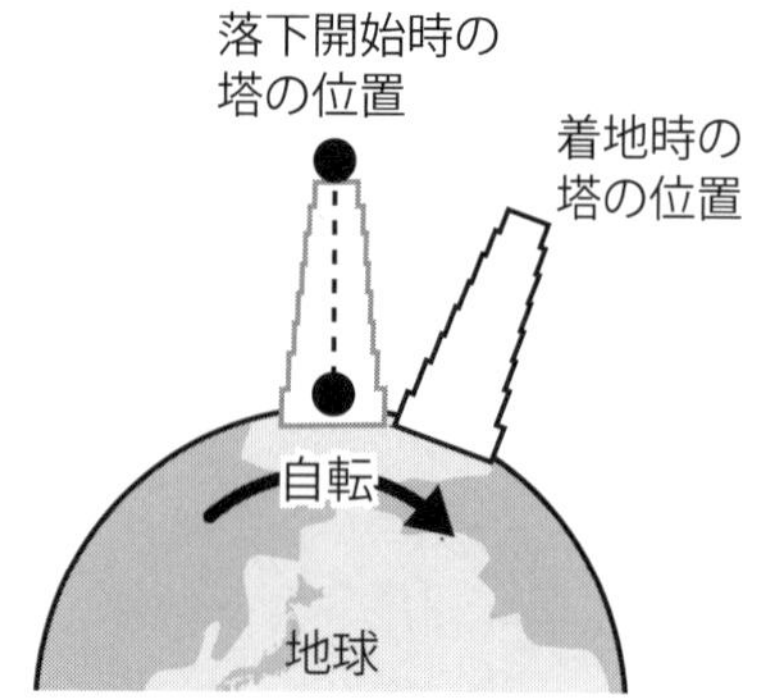

地球が動いているのなら
球は塔の真下には落ちないはず

「本当に地球が動いているなら、私たちはその動きを感じるはずである。そして、塔から落とされたものは西寄りに着地するはずだ」

たしかに、右の図を見ると塔から落下するものは塔の真下には落ちなさそうです。落下している間に地面が動いてしまうからです。

このような批判に、ブルーノは船の上での様子を例に挙げて反論しました。

「船は動いているが、マストから落とした石は真下に落ちるではないか」

現代なら、車や電車の中での様子を考えても同じように理解できますね。高いところから落とされたものが真下に着地することは、地動説の否定にはつながりません。

さて、地上にいる私たちにものがまっすぐ落下して見えるのは、地球上にある物体がすでに地球の回転と同じ速度を持っているためです。

そして、落下中もその速度を失わないため、地上から見て真下へ着地するようになるのです。

このことが、「物体に力がはたらかなければ、物体の速度は変わらない」という**慣性の法**

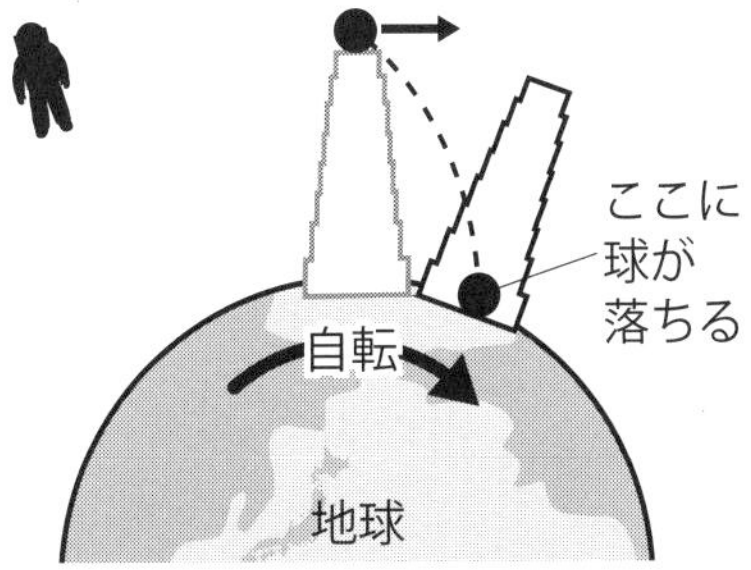

宇宙空間に静止した人から見た様子

則へとつながるのです。

これは、「力がはたらかなければ、物体はやがて止まる（速度が変わる）」とするアリストテレスの考えを否定するものです。

地動説が、アリストテレスの考えを超克するきっかけとなったことが分かりますね。


しかし地動説を唱えたブルーノは、異端として捕らえられます。

イタリア出身で修道会にも所属していたジョルダーノ・ブルーノ（1548－1600）は、教会の説く天動説に疑念を抱きます。そのことがきっかけで国を追われることとなり、他国で暮らすこととなります。

その後、イタリアの大貴族から記憶術の指南を受けたいと招かれたことで母国へ戻る決意をしますが、結局は捕らえられることになったのです。

ブルーノは、異端審問にかけられ、拷問を受けることになります。しかしそれでも自説を捨てることを拒んだため、火刑に処せられることとなってしまいました。


このような、権威に屈せず最期まで自説を曲げなかったブルーノの姿勢は、その後の科学の進歩にも大きく影響したはずです。のちに彼は真実の探求のために命を懸ける知識人の象徴となりました。

時代が経って19世紀になると、ブルーノは「自由思想の殉教者」として再評価され、処刑の地となったカンポ・デ・フィオーリ広場には彼の像が建立されました。

ガリレオ「物体は力がはたらかなくても動き続ける」

「近代科学の父」と呼ばれたガリレオ（2章参照）は、力学の研究にも取り組みました。そして、**「慣性の法則」**を発見したのです。

ガリレオは、斜面上の運動をヒントに慣性の法則を見出したと言われます。次のような考え方です。

物体が斜面を下るときに速くなる、斜面を上がるときに遅くなることは、実際に目にす

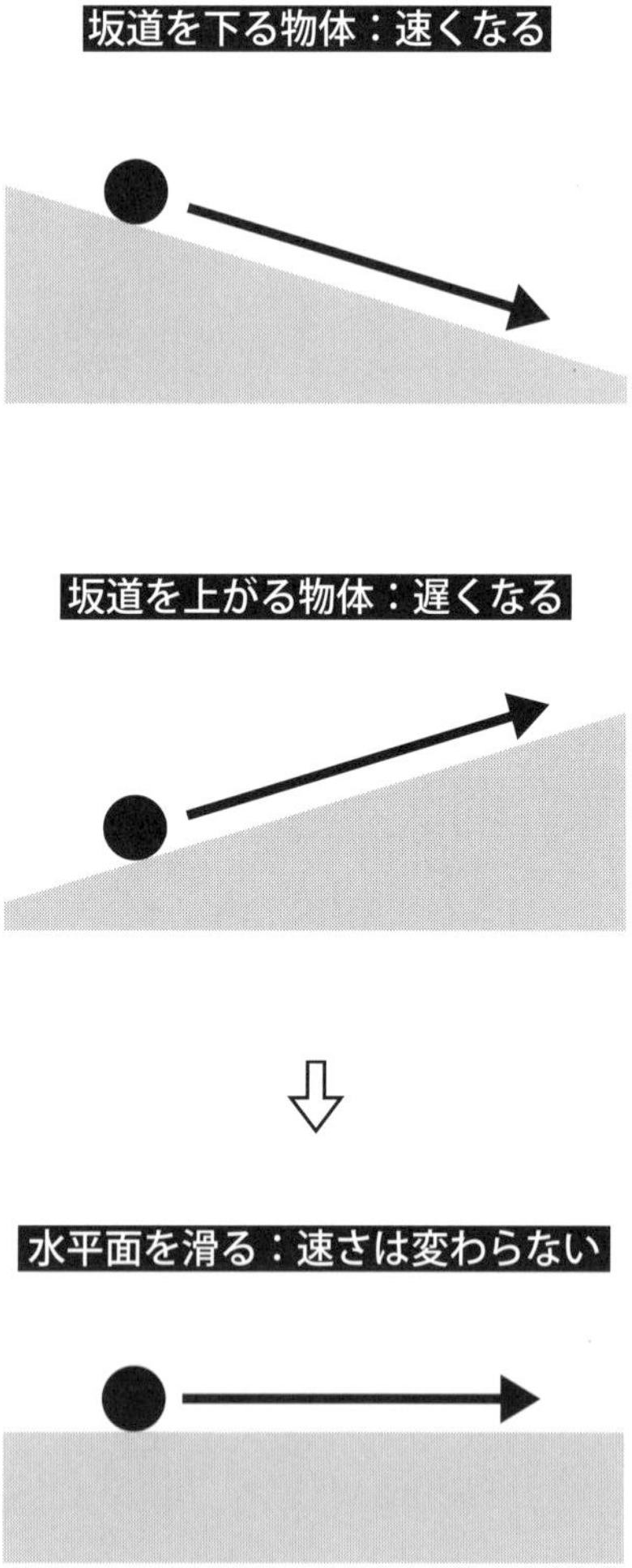
坂道を下る物体：速くなる
坂道を上がる物体：遅くなる
水平面を滑る：速さは変わらない

ることができます。そして、それらのことから斜面を下るわけでも上がるわけでもないとき（水平面上を運動するとき）には、速さが変わらないことも分かります。

斜面を下るときに物体の速度が大きくなるのは、運動の向きに重力がはたらくためです。

斜面を上がるときに速度が小さくなるのは、運動の向きと逆向きに重力がはたらくためです。

では、水平面上を運動するときにはどうして速度が変わらないのでしょう？

これは、進行方向に重力が作用しないためです。つまり、物体は「**力を受けないために速度が変わらない**」と言えるのです。

このようにしてガリレオは「力を受けなければ物体はやがて止まる」というアリストテレスの考えを否定する法則を発見したのです。

それにしても、「力がはたらかなければ物体はやがて止まる」というアリストテレスの考えは、感覚的にはしっくりきます。

本当に間違いがないのか検証しておきましょう。

身近なところで、ずっと動き続けるものを見ることはまずありません。だからこそ「力がはたらかなければ止まってしまう」と考えられそうです。しかし、動き続けるものがないのは、力がはたらかない状態が続くものがないためなのです。

地面を転がるボールの場合、地面から摩擦力という力を受けます。これが、ボールを減速させるのです。例えばカーリングではストーンが長い距離ほとんど減速せず進みますが、

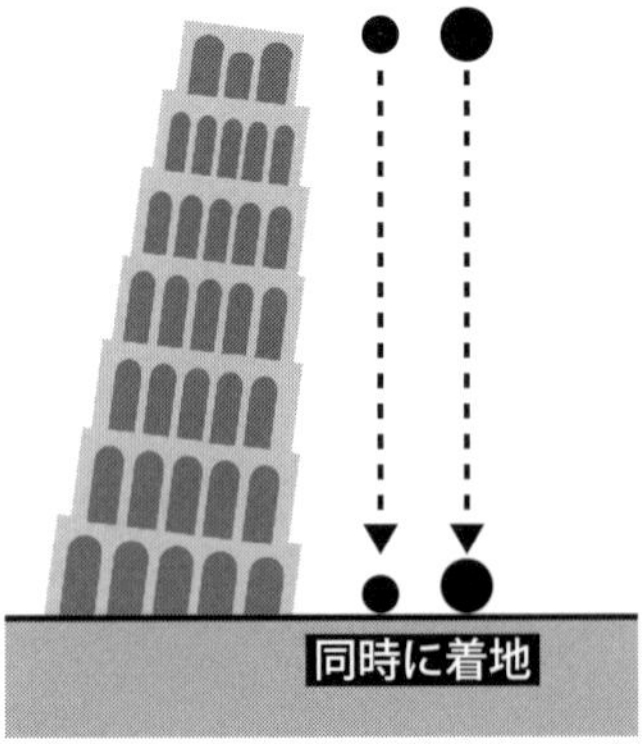

これは摩擦力がとても小さいためです。

それでも、（もしも氷の面がとても広ければ）何かにぶつからなくてもやがて止まるでしょう。摩擦は完全にゼロにはならないのです。

さらに、ガリレオは「重いものほど速く落下する」というアリストテレスの考えをも否定することになります。有名な、ピサの斜塔での実験です。

ガリレオは、ピサの斜塔の上から大小2つの鉛の球を同時に落下させる実験をしたと言われます。

そして、2つの球の着地音が同時に聞こえることを確かめたのです。

これは、重さの異なる2つの球が同じ速さで落下したことを示します。

「重いものほど速く落下する」ということについては、現代でも多くの人がそう考えるかもしれません。これが誤解であることは、ピサの斜塔まで行かなくても簡単に確かめられます。

例えば、重い本と軽い紙の落下速度を比べる方法です。

両者を別々に落としたら、重い本の方が速く落下するでしょう。しかし、本の上に紙を乗せて落とせば、一緒に落下することが分かります。

別々のときには空気抵抗の影響の違いが、落下速度の違いとなって表れたのです。両者を重ねることでその影響の違いがなくなり、一緒に落下するようになるのです。

ニュートン「地上と天界は同じ物理法則に支配されている」

さて、ここでいよいよニュートンの登場です。

ガリレオの発見を引き継ぎ、法則としてまとめたのがアイザック・ニュートン（1642―1727）です。ニュートンが生まれたのは1642年ですが、これはちょうどガリレオが亡くなった年でした。

ニュートンはケンブリッジ大学で学んでいましたが、その頃にちょうどペストの大流行が起こり、大学は2年間閉鎖されてしまいました。その間、ニュートンは故郷へ帰って思索に耽ったのです。そして、その期間に多くの発見をすることになるのです。その後、大学へ戻って研究を続け、『プリンキピア』という主著を著し、ロンドン王立協会の会長も務めました。

ニュートンは、次の3つの法則によって物体の運動を説明できることを明らかにしました。

［第1法則（慣性の法則）］
物体に力がはたらかない（またははたらく力がつりあっている）とき、物体の速度は変化しない（静止しているものは静止を続け、動いているものは同じ速度で動き続ける）

［第2法則（運動の法則）］
物体に力がはたらくとき、物体の速度は力と同じ向きに大きくなる。同じ時間での速度の変化量は、力の大きさに比例し、物体の質量に反比例する

［第3法則（作用反作用の法則）］
物体Aが物体Bに対して力を及ぼすとき、同時に物体Bは物体Aに逆向きで大きさの等しい力を及ぼす

これらは現在の物理の教科書にも載っているものであり、ニュートンによって力学の基礎が確立されたと言えます。

ガリレオが発見した「重いものも軽いものも同じ速さで落下する」という事実は、ニュートンの第２法則（運動の法則）によって説明できます。

ものの「重さ」とは、その物体にはたらく重力の大きさのことです。つまり、重いものというのは大きな重力がはたらくものということなのです。

大きな重力がはたらくのに落下速度が変わらないのは、「**質量**」が大きいからです。質量の正確な理解は難しいですが、簡単には「重さに比例する値」と言えます。重いものは、質量が大きいということです。質量は、その物体の「動きにくさ（動かしにくさ）」と言うこともできます。

たしかに、重いものを動かすのは大変です。重いもの（質量が大きいもの）には、大きな重力がはたらきます。大きな重力には、物体を速く落下させようというはたらきがあります。そして、同時に質量が大きく、これには速く落下しようとするのを妨げるはたらきがあるのです。

両者の影響が相殺しあうため、物体の重さ（質量）が変わっても落下速度が変わらないというわけです。

ニュートンは運動の3法則を発見するとともに、**万有引力の法則**を発見しました。

これは、（質量を持つ）あらゆる物体の間には引力がはたらき、その大きさは2物体間の距離の2乗に反比例することを示したものです。

地上にいる私たちが受けている重力は、地球から受ける万有引力なのです。

宇宙空間には地球より巨大な天体が山ほどありますが、それらは遠く離れているため感じられるほどの万有引力を受けないのです。

ニュートンの万有引力の法則の発見は、地上と天界が同じ物理法則に支配されていることを明らかにしました。

というのは、それまでは地上と天界は異なる物理法則に支配されていると考えられていたのです。それは、例えば天界にある月が地上に落下しないためです。地上なら、物体が落下せず浮いたままということはありません。

万有引力の法則は、月と地球の間にも引力がはたらいていることを示します。それなのにどうして、月は落下しないのでしょう？

ものすごく速く投げ出したら

地上での物体の動き

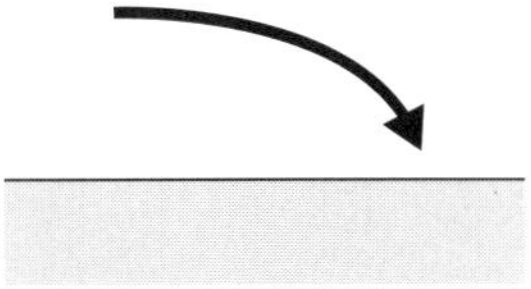

それは、月が地球の周りを回っているからです。

まずは、地上で考えてみましょう。

地上で物体を静かに放したら、物体は真下へ落下していきます。では、水平方向に投げ出したらどうでしょう?

その場合は、放物線を描いて落下していきます。このとき、投げ出す速度を大きくしていったら、物体はより遠くへ着地することになります。

では、ものすごく速く投げ出したらどうなるでしょう?

そのときには、永遠に着地しないということが起こり得るのです。

このことは、地球から離れたところからの視点で考えると理解しやすくなります。投げ出す速度が大きいと、物体は地球からの引力によって軌道を曲げられながらも、地球の周りを回り続けることになるのです。

ちなみに、地表すれすれのところでこれを実現するには、(空気抵抗などを無視した場合)秒速7・9キロメートルほどの速さで物体を投げ出す必要があります。

ここまでは地上での様子を考えましたが、これを地球から離れたところへ拡張することもできます。

月は地球から38万キロメートルほど離れたところにありますが、運動していなければ地球へ落下することになります。しかし、月は動いているのです。そのため、地球からの引力によって軌道を曲げられますが、落下することはないのです。そして、その結果月は地球の周りを回り続けているのです。

このように、万有引力の法則の発見によって、地上と天界が同じ物理法則に支配されていることが明らかになったのです。

なお、万有引力の法則は次の2章でも登場します。ニュートンの発見が、人類の宇宙観を大きく変えたことが分かります。

力はじつは4種類しかない

本章では、力をテーマとして過去の偉人たちによる研究の歴史を紹介してきました。

ところで、力にはどれだけの種類があるのでしょう？


押したり引いたりする力、摩擦力、空気抵抗、重力…などさまざまな力を受けて私たちは生活しています。そのため、力の種類は無数にあるように思えます。

しかし、現在では力は本質的には４種類しかないことが明らかになっています。

「重力」「電磁気力」「強い力」「弱い力」の４つです。

私たちが感じるいろいろな力はすべて、この４つによって説明できるのだというのです。

ここでは詳細には立ち入りませんが、一例を紹介します。


バットでボールを打つ瞬間には、バットとボールの間には互いに押しあう力がはたらきます。これは、バットとボールそれぞれの表面にあるマイナスの電気を持つ電子どうしの反発力なのです。「電磁気力」に区分されるわけです。

「強い力」「弱い力」というのは、日常的な生活の中で感じられるものではありません。これらは原子の中心にある原子核（98ページ参照）のサイズ以下という、極短距離でしかはたらかない力だからです。これらは、核分裂（原子力発電に利用）や放射線（7章参照）といったも

	強い力	電磁気力	弱い力	重力
強さ	1	10^{-2}	10^{-5}	10^{-39}

4つの力の相対的な大きさ

$$\left(10^{-2} = \frac{1}{100}, \quad 10^{-5} = \frac{1}{100000}, \quad \cdots \right)$$

のにかかわっている力です。

科学者たちによる力の正体の解明が、人類の世界観を大きく変えてきたのです。

現在の宇宙には４つの力が存在するのですが、宇宙が誕生した時点では力は１つしかなかったのではないかとする考えがあります。１つだった力が分岐して、４つの力になったというわけです。

このような考えは「力の統一理論」「大統一理論」と呼ばれます。４つの力は本質的に１つの理論で説明できると考えるのです。

ただし、大統一理論は確立されたものではなく、多くの科学者が現在も探究を続けているところです。

2章

地球が動いていることが分かるまで

地球は動いている

私たちは、幼い頃から地球が太陽の周りを回っていることを知っています。しかし、実際にその様子を目にしたわけではありません。あくまでも教わって知っているだけです。もし教わらなければ私たちも、昔の人と同じように「太陽が地球の周りを回っている」と思ったことでしょう。人間は、自分の目で確かめたことを真実だと考えるものです。

しかしそこに疑問を持った人がいたために、現在では地球が動いていると考えるのが当たり前になりました。

とはいえ、「動いているのは天」から「動いているのは地球」という変化は、人々の世界観を根底からくつがえすたいへんな大転換です。天が動くのが見えているのに、「じつは動いているのは私たちだ」と言われても、すぐに納得できるものではありません。

実際、人々が本当に納得するまでには、実に長い年月がかかりました。

この章では、その歴史をたどってみたいと思います。

タレス「地球は海の上に浮かぶ円盤だ」

人類が天体の動きに関心を持ち、その機構を明らかにしようとした始まりは紀元前までさかのぼります。

当時の世界観を描いた絵画。平面の大地の端に達した人物が、天蓋から顔を突き出している。（19世紀絵画）

天文学の創始者は、古代ギリシャで活躍したタレス（前625頃−前546頃）だと言われています。

タレスは、物質の根源についての思索を深めていましたが（73ページ参照）、考察の対象はそれだけにとどまりませんでした。

例えば、地震について「地球は広大な海の上に浮かぶ**平らな円盤**であり、地震は海に生じる波によって生まれるのだ」と考えました。

そして、天文学にも取り組んだのです。

タレスは天体の観測を行い、天体の運動の規則性を見出しました。その中で、夏至と冬至を発見し、1年を365日に分けて四季の区別を見出すなど多くの功績を残したのです。

天体観測を通して得た知識は、オリーブの最適な収穫時期を予測し、さらに翌年の豊作まで予言するのに活かされました。予言に自信を持っていたタレスはオリーブの圧搾機を買い占め、収穫期に圧搾機を貸し出して大稼ぎしたということです。

ただし、知識を富を築く手段とすることをタレスは良しとしなかったようです。

またタレスは、日食の予言をしたと言われています。

当時、メディア王国とリュディア王国の間で争いが起こっていました。その最中の紀元前585年5月28日に、日食が起こったと考えられています。そして、それが両国の和平のきっかけとなりました。

この日食を、タレスは予言していたというのです。タレスの天体観測は、国家間の争いにも影響を与えていたようです。

さらにタレスはバビロニア人が把握していた日食の周期を知っていたという説や、計算によって日食のタイミングも知ったという説などがあります。

これらが、2600年前を生きたタレスが得た知識でした。現代のような実験道具がなく、観測方法も確立していない時代に、思索だけでここまでたどり着いたのですから、タレスのすごさが伝わってきます。

アリストテレス「地球が中心で、その周りを天球や惑星が動いている」

その後、アリストテレスが登場します。

アリストテレスは1章でも登場しましたが、ここでは天体の動きを研究した人物としての業績を見てみましょう。

アリストテレスは、天体の運動について次のように考えました。

・地球を中心として、その周りに恒星が貼りついた天球があり、それが回っている
・恒星とは別の動きをする惑星が地球の周りを回っている

天球とは、ちょうどプラネタリウムの円天井のようなものです。地球の周りを円天井のようなものが回っているのだという考え方です。

このようなアリストテレスの考え方は「**天動説**」と呼ばれます。

アリストテレスは、プラトンとともに天動説を築き上げました。このことは、結果的に地動説の確立を大幅に遅れさせることになります。

良くも悪くもアリストテレスの思想はその当時の、そして後世の人々に非常に大きな影響を与えたのです。

プトレマイオス「観測の結果、やはり動いているのは天だ」

時代が進み、２世紀になるとアレクサンドリアにプトレマイオス（90頃－１６８頃）という学者が現れ、地理学や占星術においても大きな功績を残しました。

プトレマイオスは、緯度経度を表す線を用いて地図を作製した最初の人とされます。イベリア半島南部のジブラルタルからインド付近にまで及ぶ地図を作製し、やがて大航海時代へと至る地理学発展の礎となりました。

また、運動によって変化する天体の位置関係が地球にもたらす影響を論じ、占星術について著書にまとめました。

その結果プトレマイオスは、約１２００年後の14世紀ルネサンス期のヨーロッパでも占星術にかかわる人々から神聖で偉大な存在と認識されることになりました。

このプトレマイオスも、天動説を完成させた人物として有名です。

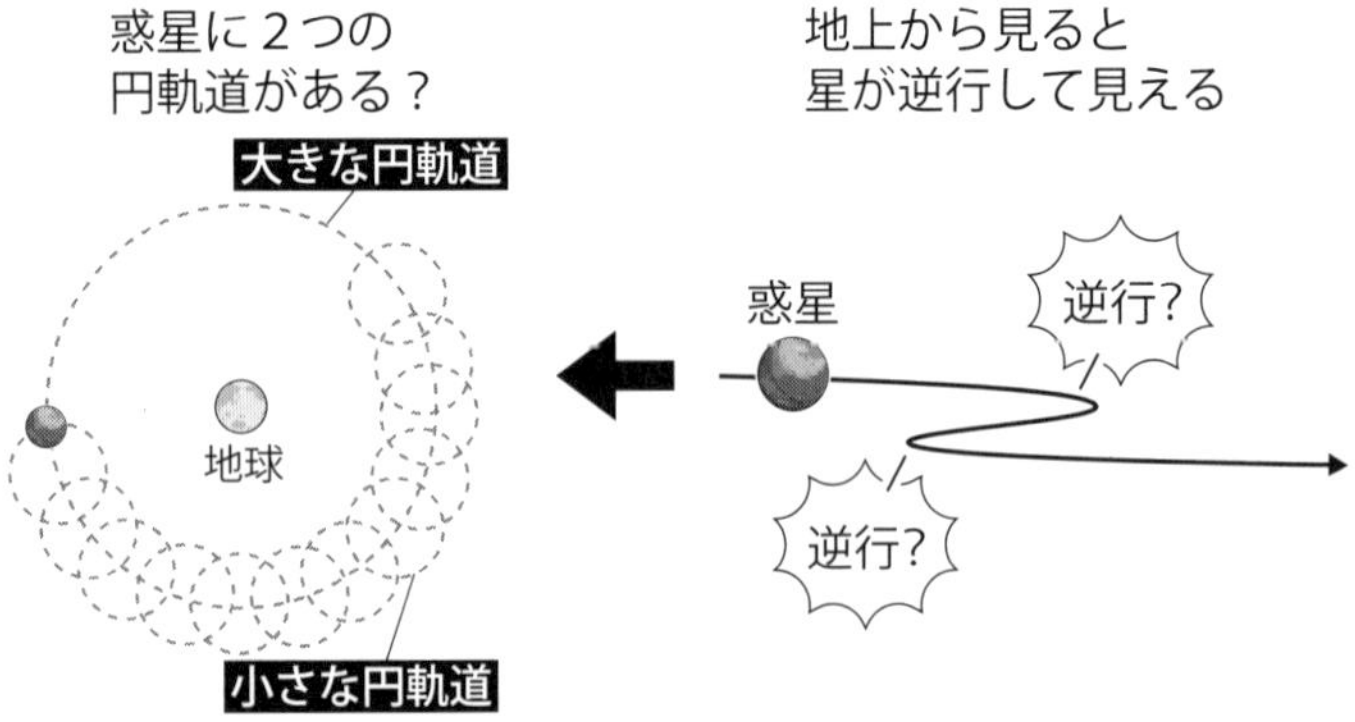

ただし、疑念がまったく持たれなかったわけではありませんでした。

当時、天動説のネックとなっていたのは「惑星」の動きです。惑星は、恒星のように地球の周りをきれいな軌道を描いて回ることはありません。回る向きが変わる「逆行運動」も行います。

このネックについてプトレマイオスは、「惑星は小さな円軌道を回りながら、地球を中心とする大きな円軌道を回る」と考えることで、惑星の逆行運動を説明できるということで問題を解決しようとしたのです。

ちなみに、この疑念は「惑星」という言葉として現在も残っています。

アリストテレスとプトレマイオスはともに「天動説を提唱した人」としてひとくくりに扱われることが多くあります。しかし、理論の組み立て方には大きな違いがありました。

アリストテレスは、理論的考察を重視しました。それに対して、プトレマイオスは天体の運動を観測することを重視しました。そして、観測に基づいて天体の運動を予測したのです。

天体運動を予測できることは、例えば暦を作るのに重要です。暦は太陽や月の運動をもとに決められるものだからです。

農耕作業の時期や神事の日取りは、暦に従います。プトレマイオスの観測を重視する姿勢が、人々の生活に影響を与えたことが分かります。

ただし、古代において地動説がまったく生まれなかったのかというと、そんなことはありません。

ギリシャのピタゴラス（前５８２－前４９７頃）とその後継者フィロラオス（前４７０頃－前３８５）は、「地球は球体をしていて他の天体と同様に円を描いている」と考えました。これが初めて提唱された地動説だと言われます。

その後も、例えばアレクサンドリアで活躍したアリスタルコス（前２１６－前１４４頃）は、アリストテレスの説を否定して、地球は太陽の周りを回っていると考えました。

しかし、「アリストテレスの天動説が間違っているはずがない」という世界観の中で、地動説は忘れ去られてしまい、その後長きにわたって人々は天動説を受け入れることとなったのです。

コペルニクス「地球がすべての回転の中心ではない」

ここで時代は流れ、16世紀に至ります。

この時代に入り、状況は大きく変わります。著書で**地動説**を発表する人物が現れたのです。30余年にわたって天体観測を続けていたポーランドの天文学者コペルニクスです。

ニコラウス・コペルニクス（1473－1543）は、大学において法学、医学、占星術などを幅広く学びました。そして、幼い頃に亡くした父に代わって育ててくれた叔父が司教だった影響で、聖職に就きました。それと同時に、医者としても働きました。そのような生活の中で、毎晩地道に天体観測を続けたのです。
おりしも時代は大航海時代、船乗りは海上で自らの正確な位置を知る必要がありました。そこで、場所や時間によって見え方が変わる天体の観測が、きわめて重要なものとされたのです。

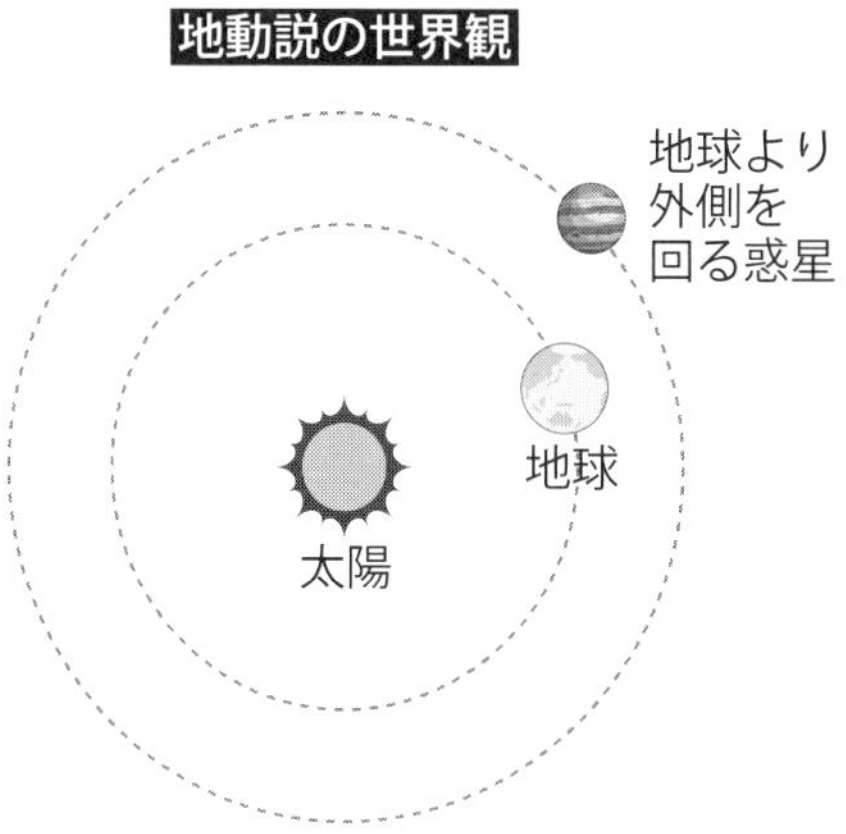

ただし、天体観測といってもまだ望遠鏡は発明されておらず、観測は肉眼で行われました。コペルニクスも同様です。そのような中で、天動説による説明と実際の天体の動きとの間にずれがあることを見つけたところにコペルニクスのすごさがあります。

コペルニクスの地動説をもとにすると、奇異に見える惑星の動きについて説明ができます。

惑星は逆行運動しますが、地動説によるとこれは地球が地球よりも外側を回っている惑星を追い抜くときに見える現象だと説明できます。

また、太陽からの距離がある一定の範囲内だけを動いて見える惑星もあります。

　これについても、その惑星が地球より内側を回っているためにそのように見えると理解できます。

　さらに、コペルニクスは著書『天体の回転について』の中で、地球からは火星の大きさが変わって見えることを地動説の根拠として挙げています。

　このことについて、日没時で考えてみましょう。

地動説の世界観

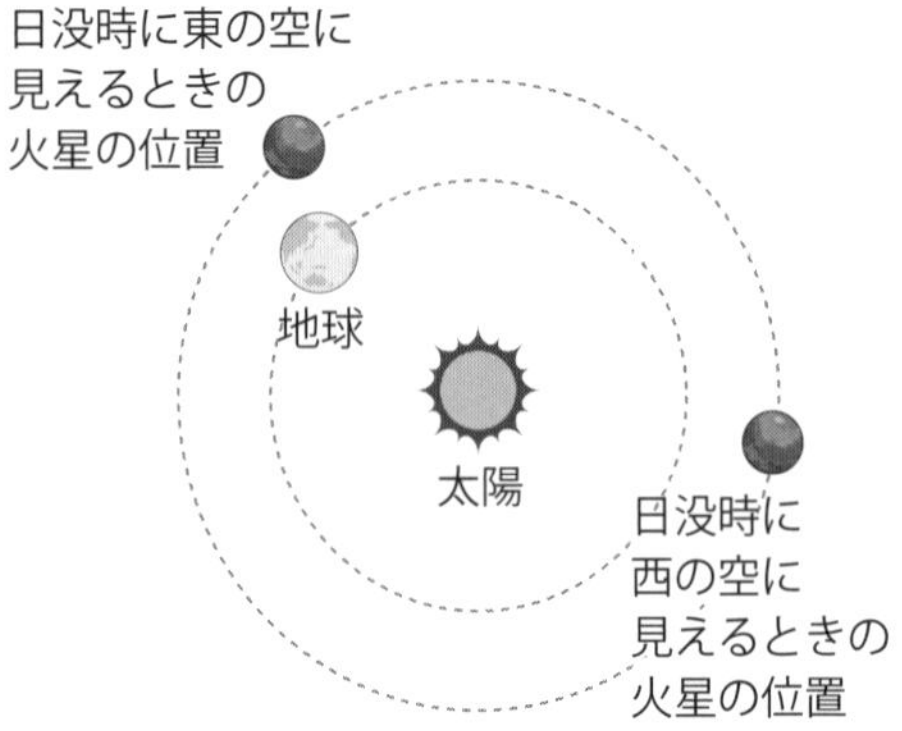

日没時に火星が東の空に見えるときには、大きく輝いて見えます。逆に、日没時に西の空に見えるときには小さく見えます。
　この違いは、火星が地球の周りを回っているとする天動説では説明できません。しかし、地動説でなら説明できます。ともに太陽の周りを回っている地球と火星の位置関係は、一

定に保たれず変化します。このことが、火星の見かけの大きさが変わる原因だと説明できるのです。

長きにわたって観測を行い、得られたデータを根拠として、コペルニクスは地動説を唱えたのだと分かります。

ただし、当時の西洋の宇宙観はアリストテレスおよびプトレマイオスの天動説に基づいていました。

また、キリスト教神学でも人間が暮らす地球こそが宇宙の中心に位置するのにふさわしいと考えられていました。そのため、地動説を唱えることには相当の覚悟が必要でした。実際に、コペルニクスは著書に残す形で、自らの死後に地動説を発表しているのです。生前に発表することは躊躇したようです。

それほどの時代ですので、コペルニクスの地動説に対しては特に教会から激しい批判が浴びせられました。

しかし、確実にその支持者が現れたのです。

それがガリレオであり、ブラーエでした。

ガリレオ「科学理論の真偽は観察と測定によって決まる」

イタリアのガリレオ・ガリレイ（1564−1642）は、「近代科学の父」と呼ばれます。

ピサ大学で医学を学び、数学や物理の研究にも打ち込みましたが、学費に欠乏したため退学しました。しかし退学後もプトレマイオスの天文学など古代の著作をもとに独学し、数々の発見をすることになります。

例を挙げると、ピサの斜塔からものを落として、**落下速度が質量によらず一定**であることを発見しました。「重いものは軽いものより速く落下する」というのは間違いだと示したのです（34ページ参照）。

また、教会の天井に吊るされたランプの揺れが大きくても小さくても1往復にかかる時間は変わらないことを見つけました。振れ幅が変わっても振り子の周期は一定に保たれるのです。

そして、中でも望遠鏡による天体観測は大きな功績でした。ガリレオの天体観測は、地

ガリレオ式望遠鏡の構造

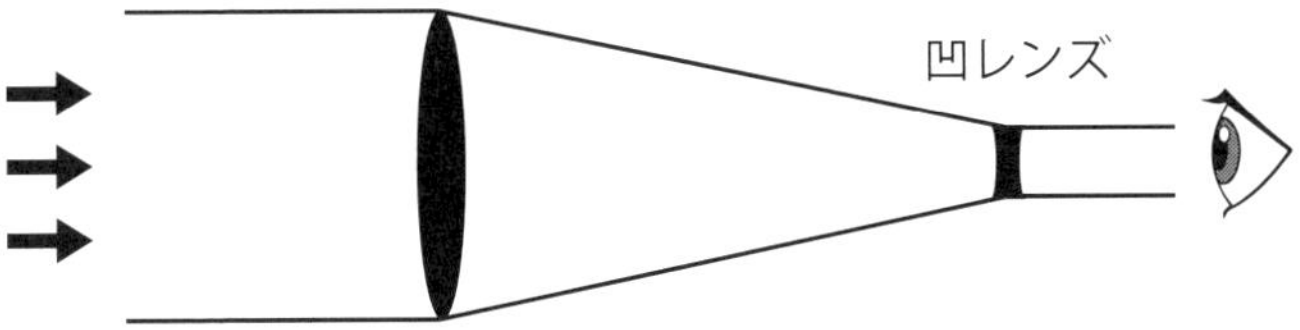

動説を裏づける重要な役割を果たしたのです。

望遠鏡は、オランダの眼鏡職人だったリッペルハイによって発明されたと言われます。その噂を聞きつけたガリレオは、原理を推測して望遠鏡を自作しました。1608年頃のことです。

ガリレオが作ったのは凸レンズと凹レンズ1枚ずつを組み合わせた望遠鏡で、「ガリレオ式望遠鏡」と呼ばれます。

ガリレオは、これを使って天体観測を行いました。そして、多くの発見をしたのです。

例えば月面に凹凸があることや、太陽に黒点があることを見つけました。このことは、天界は完全な世界であるという宇宙観に疑問を抱かせるものでした。太陽の黒点は移動していることも分かり、太陽が自転していることを示しました。

また、金星が満ち欠けしたり見かけの大きさが変化したりすることも発見しました。

さらに、木星にはその周りを回る4つの衛星があることも見つけました。特に木星の衛星を発見したことが、すべての天体が地球を中心に回っているのは誤りだという確信につながったのです。

ガリレオ自身、カトリック教徒でありその信仰は捨ててはいませんでした。しかし、自然科学については宗教に頼るべきではなく、科学理論の真偽は観察と測定によって決まると考えていました。そして、地動説を支持し宣伝したのです。

その結果、ガリレオはカトリック教会から咎めを受けることになり、宗教裁判にかけられ自宅へ幽閉されることになりました。

裁判では拷問の道具も見せられ、70歳を目前に病弱で弱っていたガリレオは地動説放棄を約束させられることになります。

ガリレオが弱気になったのには、地動説を唱えたために教会から咎められ、1600年に火あぶりの刑に処せられたブルーノの影響（30ページ参照）もあったとされています。

なお、ガリレオは裁判所を出るときには「それでも地球は動く」とつぶやいたとされていますす。これは後世になって付け足された伝説だと考えられていますが、ガリレオの信念と葛藤をよく表すエピソードと言えるでしょう。

ブラーエ「地動説の方が正しいのでは？」

ここで、少しだけ時代をさかのぼります。

ガリレオよりわずかに早い時代に地動説を支持したのは、デンマークの天文学者ブラーエ（1546－1601）です。

ブラーエのときにはまだ天体望遠鏡はなく、肉眼によって天体観測を行っていました。そして、膨大なデータを残しました。特に、火星については16年間も観測を続けて記録したのです。

ブラーエは、四分儀《しぶんぎ》という装置を用いて天体の位置を測定しました。円を4分の1に分割した扇型をした本体の円弧部分に角度目盛が刻まれていて、そこに照準器がついているのが四分儀です。

ブラーエは、これを用いて天体の動きを追跡しました。位置を変えない恒星を基準とすることで、火星や金星などが日々どのように位置を変えているのかを知ることができたの

壁に取り付けられた「ブラーエの壁四分儀」

です。

膨大な観測データを根拠に、ブラーエは地動説を支持しました。

そして、数学的に緻密に地動説の正しさを示したのが、ブラーエからデータを引き継いだ弟子のケプラーです。

ケプラー「観測結果から見ても地動説は正しい」

ヨハネス・ケプラー（1571－1630）はコペルニクスの著作に出会って大きな感銘を受け、天文学の研究に取り組むようになった人です。そして、ブラーエの助手となったのです。

ケプラーが助手となって1年ほどでブラーエは亡くなってしまいますが、観測データを引き継いだケプラーは研究を続けます。膨大な観測資料をもとに思索を重ねたのです。そして、**天体の運動に規則性を発見する**に至りました。

ケプラーが発見した法則は、次の3つにまとめられます。

［第1法則］
太陽系の惑星は楕円軌道を描いており、太陽はその1つの焦点に位置する

［第2法則］
太陽と惑星を結ぶ線分が一定時間に通過する領域の面積は常に一定である

［第3法則］
惑星の太陽からの平均距離の3乗は、公転周期の2乗に比例する

読者の中には「地球は太陽を中心とした軌道を周回している」と思われている方もいるかもしれませんが、実際には違うのです。

地球は太陽からおよそ1億5000万キロメートル離れた軌道を動いていますが、それは楕円軌道であるため太陽からの距離は一定ではありません。時季によって500万キロメートルほど太陽からの距離が変わります。

また、第2法則からは、地球が公転する速さが一定でないことも分かります。
太陽から離れているときほど太陽と地球を結ぶ線分は長くなるため、地球はゆっくり動くようになるのです。そのことを、400年も前にケプラーは発見したのです。

ケプラーの第1法則

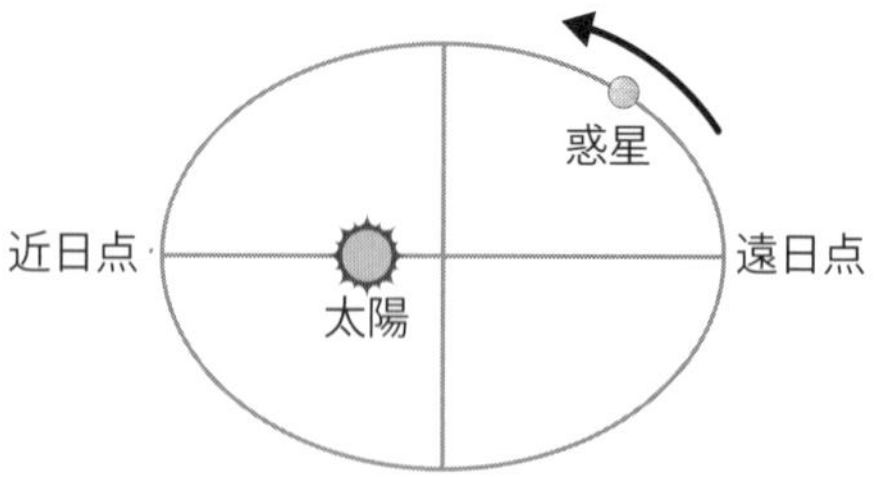

さて、ケプラーの発見も当時のヨーロッパで大きな波風を立てました。
キリスト教では、天地は神が創造したものであるとされます。そのため、惑星の軌道も完全無欠な円でなければならないと考えられていたのです。
ケプラーは教会から強烈な反発を受けましたが、それでも屈することはありませんでした。それは、ブラーエによる16年にもわたる観測の蓄積という根拠があったからです。
なお、第3法則の発見は第1、2法則の発見から10年を経てからのものでした。惑星の運動は複雑で、第3法則で示されるような規則性があることを発見するのは困難だったのです。

しかし、ケプラーはそれぞれの惑星はデタラメに動いているのではなく、何らかの数学的関係を持って動いているであろうと信じていました。その信念があったからこそ、苦心の末に法則を見つけられたのです。

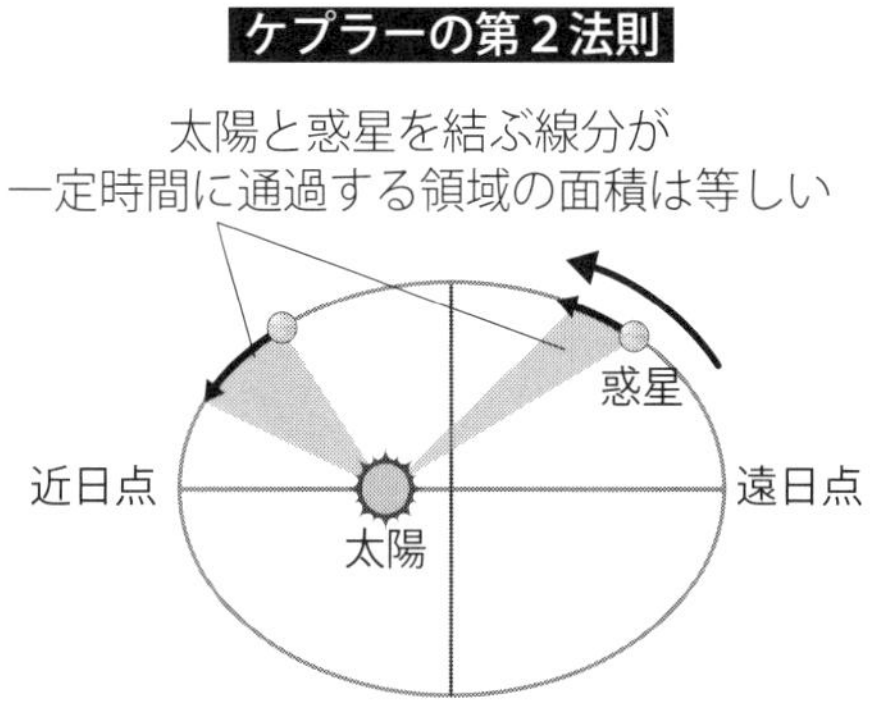
ケプラーの第2法則
太陽と惑星を結ぶ線分が
一定時間に通過する領域の面積は等しい
惑星
近日点
遠日点
太陽

ちなみに、地球は1年で太陽の周りを1周しますが、火星は1・881年で1周します。2つの数字の最小公倍数はおよそ15年です。つまり、15年経つと地球と火星の位置関係が同じ状態に戻るのです。

このことから、火星の公転軌道を正しく知るには15年間の観測が必要だと分かります。ブラーエはそれを超える16年間観測を続けたために、火星の軌道を求めることができたのです。

さて、ケプラーは太陽系の惑星は楕円軌道を描くことを発見しました。もちろん地球も楕円運動します。このようにして地動説を裏づけたのですが、ケプラーには「どうして惑星が楕円運動するのか」は分かりませんでした。

このことを説明できるようになるのは、ニュートンによって万有引力の法則が発見されてからです。

ニュートン
「すべてのものには引力がある」

ニュートンは、**物体の間にはたらく万有引力の大きさは物体間の距離の2乗に反比例する**という法則を見つけました。

というよりも、ニュートンは「ケプラーが発見した惑星の楕円運動を説明するには、万有引力の大きさが距離の2乗に反比例する必要がある」と考えたのです。このように考えないと、惑星が楕円運動することにはならないのです。

つまり、ケプラーの発見がニュートンの万有引力の発見へとつながったということです。

ちなみに、ニュートンは自身の発見を『プリンキピア（自然哲学の数学的原理）』という著書にまとめています。これは、史上最高の物理学の本とも評されています。

ニュートンに『プリンキピア』の出版を奨めて説得したのは、イギリスのハレーです。彼は資料提供から原稿校正、そして出版費用の支援まで行いました。

ハレーは、ニュートンの式に従って彗星の軌道を計算しました。ニュートンは、太陽系の彗星も楕円軌道を描くと説明していたのです。そして、ハレーは大彗星が1758年に再び現れると予言しました。ハレーの死後にこの予言が正しいことが確認され、この彗星は「ハレー彗星」と名づけられました。

地球が動いている証拠

ここまで、天動説から地動説へと人々の信じるものが変わった流れを紹介しました。

さて、現在では地動説が正しいと誰もが疑わなくなっていますが、地動説の決定的な根拠は何なのでしょう。整理してみましょう。

フーコーの振り子

最初に地球が動いている（自転している）ことを証明したのは、フランスの物理学者フーコーです。フーコーは、北極点で振り子を揺らしたらどうなるか考えました。

振り子は、慣性の法則（物体は何らかの力を受けなければ、運動の状態を変えない）に従って宇宙空間に対して同じ向きに振動を続けるはずです。そのため、もしも地球が自転していれば地上から見ると振り子の振動方向は変わっていくはずです。赤道以外の場所であれば、同じことが起こります。そこで、フーコーは実際に実験を行いました。そして、地上から見て振り子の振動方向が変わることを確かめたのです。

このようにして、フーコーは地球が自転していることを証明して見せました。1851年のことです。

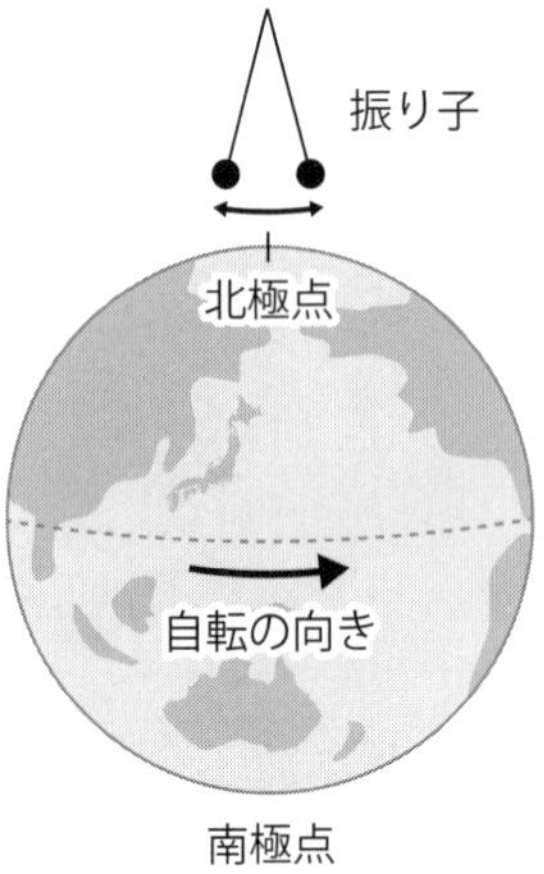

コリオリの力

地球上では、まっすぐ飛ばしたはずのものの進行方向がずれていくということが起こります。この原因も地球の自転であり、この現象が見られることが地球が自転していることの証拠の1つとなっています。

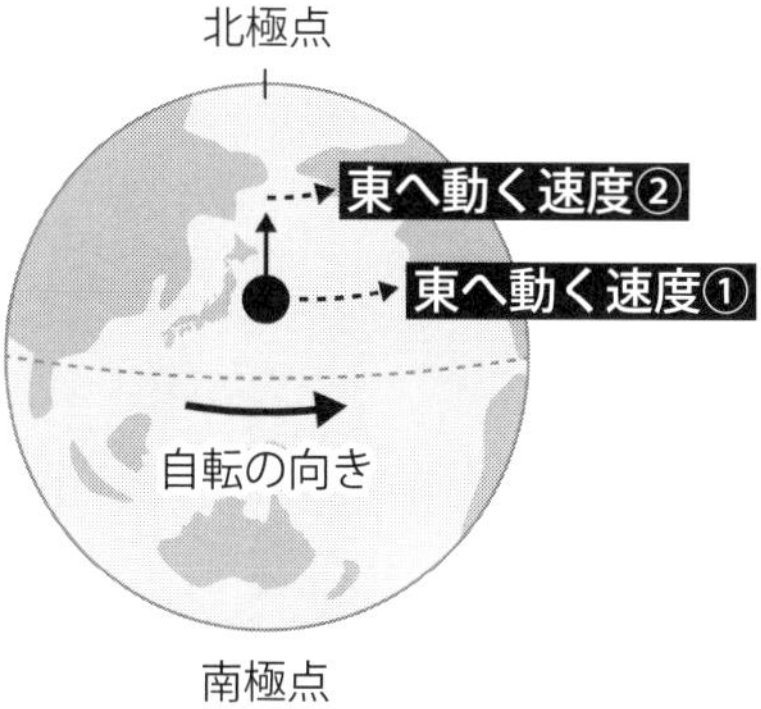

北半球の場合を考えてみましょう。

あるものをまっすぐ北に向けて投げたとします。これは、地上から見てまっすぐ北向きということです。宇宙空間から見たら、地球は東向きに自転しているので物体の速度は北東向きということになるはずです。つまり、投げる前からすでに東向きの速度を持っているのです。

この状態でものが北に向かって進んでいくと、どうなるでしょう？

地表面の自転速度は、北極点に近づくほど小さくなります。回転半径が小さくなるからです。そのため、物体が北極点に近づくほど地表面に対して物体の方が東向きの速度が大きくなるのです。その結果、地上で北に向かって投げられたものは地表面に対して右にずれながら進んでいくことになります。

これは、北半球では動くものに対して右向きの力がはたらくからだと考え、この力を「コリオリの力」と言います。

なお、南半球でも同じことが起こりますが、力の向きは左向きとなります。

このようなコリオリの力が実際に観測されていることも、地球が自転していること（すなわち地動説）の証拠となっています。

年周視差

ドイツの天文学者ベッセルは、年周視差の発見に成功しました。これも、地球が動いていることを証明する大きな根拠となりました。

年周視差というのは、地球が太陽の周りを回ることで、比較的近くにある恒星の天球上での位置が変わって見えることです。

図中のA点が、観測する恒星が実際に存在する場所です。

それに対して、地球がＢの位置にいるときには恒星は天球上のＢ'の位置に、Ｃの位置にいるときには恒星は天球上のＣ'の位置に見えることになります。地球のいる位置によって恒星の見かけの位置が変わるのです。

ただし、その変化はごくごくわずかです。恒星が３・26光年（光の速さで３・26年進んだときの距離）も離れていても、年周視差は１°の３６００分の１にしかなりません。もちろん、肉眼で見て分かるものではありません。

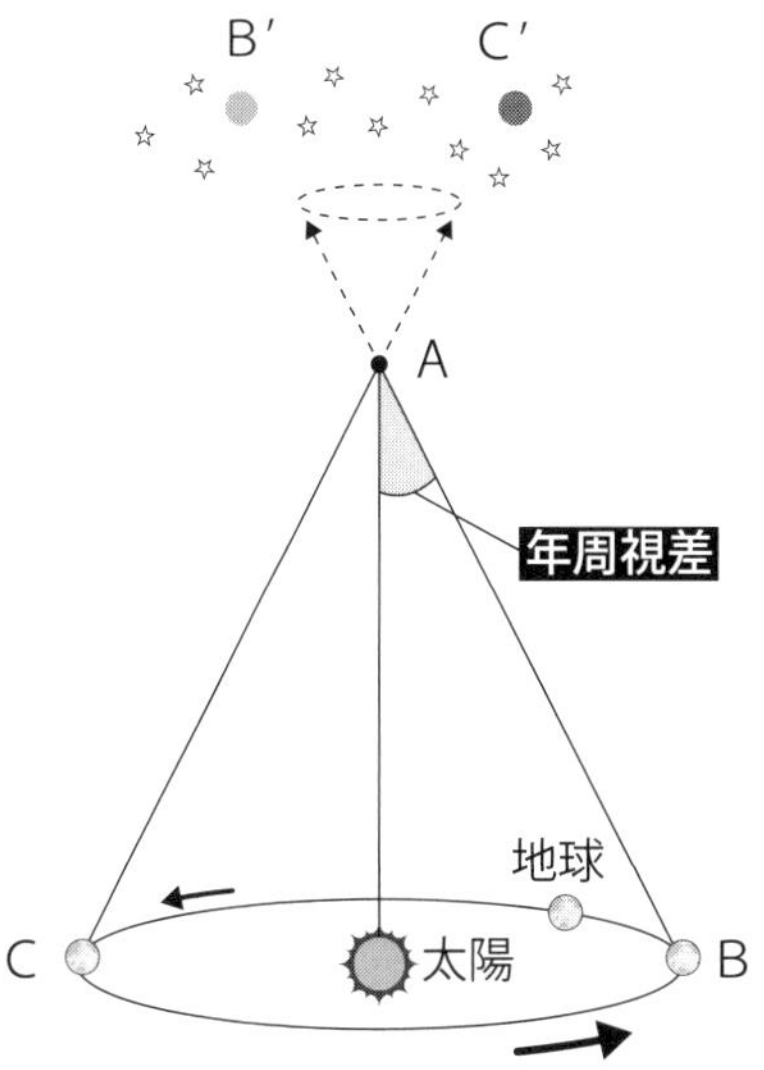

年周視差の発見には観測技術の進歩が必要であると同時に、同じ恒星を継続して観測する必要がありました。

ベッセルは、ドイツのケーニヒスベルクの天文台で１８２１年から１８３３年にかけて観測した９等星までの約５万個もの恒星の正確な位置を決定しました。

それらのデータを解析して、１８３８年にはくちょう座61番星の年周視差の検出に初めて成功したのです。

観測の積み重ねが現在の天文学を実現させた

天動説から始まった天文学は、長い歴史を経てこれほど広大な宇宙を観測できるまでに発展しました。

多くの天文学者が経験した苦難の積み重ねが、現在の天文学につながっているのです。

3章

物質はどこまで分割できる？

2600年前からの究極の謎「物質はどこまで分けられる?」

突然ですが、あなたは、

「ものを細かく細かく分けていったら、どれだけ小さなものになるのだろうか?」

「ものはどこまでも分割できるのだろうか?」

と考えたことはあるでしょうか。

このシンプルな疑問は、じつは「**物質の根源**」とも言えるものについての疑問であり、究極の謎と言えるかもしれません。

というのは、物質をいくらでも分割できるのであれば、「そもそも物質は何からできているんだ?」ということになってしまいます。

しかし、「これ以上は分割できない」という限界があるとすれば、今度は「どうしてさらに分けることができないんだ?」という疑問が残ります。

ですので冒頭の疑問は、じつは本質的な不思議につながっているのです。

人類はこのことについて紀元前から頭を悩ませてきました。

もちろん、当時は現代のような科学技術は存在しませんでしたが、想像を巡らせることはいくらでもできました。そして、古代の人々の豊かな発想は、その後の科学の進展の礎となったと言えるでしょう。

本章では、古代に始まり、自然科学の発展とともに進んだ「物質の究極」の探究について、紐解いてみたいと思います。

タレス「万物の根源は水だ」

時代は紀元前600年頃までさかのぼります。まだまだ科学と言えるものは発達していなかった時代、万物の根源は「水」だと考えた人がいます。

2章でも登場したタレスです。数学、自然科学、測量術、天文学などに通じた非常に優れた人だったと言われます。

タレスは天体観測にも夢中になりました。空を見上げていたときにうっかり井戸に落ちてしまい、近くにいた老婆が「空は見えても足元は見えないのですね」と言ったという話が残っているくらいです。

このように優れた能力を発揮したタレスが行きついたのが、「万物のもとは水である」という考えだったのです。

タレスは、身のまわりのほとんどの物質に水分が含まれていることに気づきました。また、生命は水を必要とすることにも気づきました。このような中で、形を変えていくすべてのものの根源は「水」だと考えたのです。

当時、生命には神の息吹や霊魂といった物質を超えたものが関わっているとする神秘主義が信じられていました。ただタレスは、そのような神秘主義を否定して、「水」こそが生命の根源なのだと考えたのです。

ちなみに霊魂は「アニマ」と呼ばれ、ここから「アニマル（命ある動物）」「アニメーション（躍動する画像）」といった言葉が派生したそうです。

エンペドクレス「万物は水・空気・火・土の4つでできている」

タレスよりも少し後の時代、紀元前450年頃に活躍した人物にエンペドクレス（前493頃-前433頃）がいます。古代ギリシャの植民地アクラガスで、やはり名門家族のもとに生まれたそうです。学者としてだけでなく、医者、詩人、政治家などとしても活躍したと言われます。

エンペドクレスには、さまざまな逸話があります。季節風が激しく吹いて作物が傷んだときには、ロバの皮を剥いで皮袋を作り、これを張って風を防いだと言われます。

また、執政官から食事に招かれた際に、評議会の監督官を待つからとエンペドクレスが注文した飲み物を執政官が出さなかったということがありました。さらに、遅れてきた監督官は横柄にふるまいました。

エンペドクレスはそのときは黙っていましたが、翌日に告発し、その結果執政官も監督官も死刑になってしまったということもありました。

このことは、エンペドクレスが民衆派となり、政治に関わるきっかけになったと言われます。

エンペドクレスの四大元素

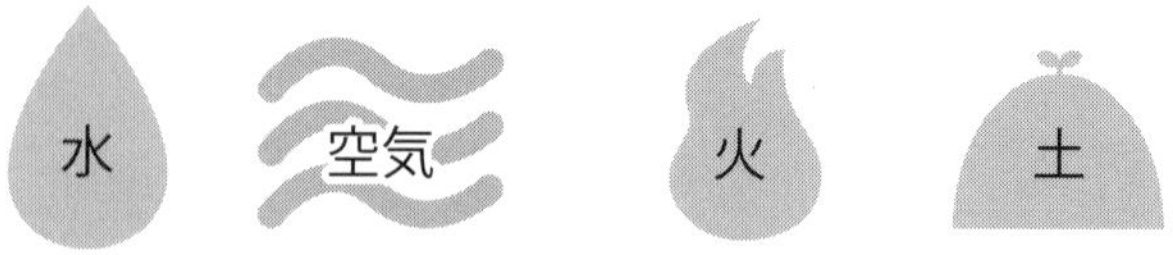

エンペドクレスは、四元素説を唱えました。

これは、万物は「水」「空気」「火」「土」という4つの元素の離合集散によって成り立っているという考え方です。

この説の特徴として、初めて「**元素**」という概念を登場させたことが挙げられます。この頃には、元素は「物質を形成する素となるもの」といった意味合いで使われていました。

そして、エンペドクレスは愛は4つの元素を混合させ、憎しみは4つの元素を分離させるのだとしたのです。

タレスやエンペドクレスの考えは、現代の視点からしたらもちろん間違いだと分かります。

しかし、2000年以上昔の実験技術も確立されていない、科学が未発達の時代においては、これが優れた学者が唱えた説だったのです。

デモクリトス「分割できない「アトム」が万物の根源だ」

タレスやエンペドクレスは物質の根源について考えましたが、彼らの考えは「これ以上分割できない究極」という観念にまでは至っていませんでした。

例えば水について、ある一定量の水はどこまで分割できるのか、といったことは不明なままでした。

このことについて、初めて「**アトム**」という言葉を使って考えたのが紀元前400年頃に活躍したデモクリトス（前460頃－前370頃）です。

「アトム」は、「**分割できないもの**」という意味のギリシャ語です。物質を細かく細かく分割していったら、やがてこの極限に至るだろうと考えたわけです。そして、世の中にあるものは全てアトムが集合してできているとしたのです。

このような世界観が、2000年以上昔から確立されていたことに驚かされます。「世の中に存在するものは、目に見えない小さな粒が集まってできているのだ」という考えを持っていたのです。

しかし、当時はそれを確かめる術はありませんでした。

ここで、物質がすべてアトムからできているのなら、アトムが詰まっていない隙間部分も当然存在すると考えられます。

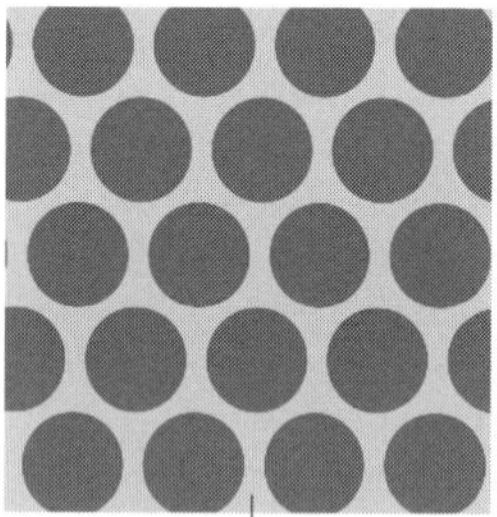

なにもない隙間
真空状態？

物質の構成要素がアトムだけであるならば、アトムがないところには何もないことになります。何もないのですから、その部分は「真空」状態だと言えます。

じつは、このことがデモクリトスの考えが否定される原因となります。デモクリトスの考えを否定したのは、かのアリストテレスです。

アリストテレス「アトムも真空も存在しない」

アリストテレスの権威は多くの分野で非常に大きな影響を与えました。天文学の分野では、その権威が結果的に地動説の確立を遅らせることになりましたが、原子の分野においても似た形をたどります。デモクリトスの「アトム」の概念も、アリストテレスによって否定されることとなったのです。

アリストテレスが否定したのは、真空の存在です。「**自然は真空を嫌う**」と述べました。世の中の物質がすべてアトムからできているならば、何もない隙間部分が存在するはずです。これこそが真空状態です。よって、真空の存在の否定はアトムの存在の否定へとつながるのです。

アリストテレスは、次のように考えて真空の存在を否定したようです。

①同じ長さのガラス管2本を準備し、一方は濃いシロップで、もう一方は水で満たす。
②2本のガラス管内でそれぞれ小さな鉛球を落下させると、密度の大きいシロップの方が大きな抵抗を生むため、鉛球はゆっくり落下する。つまり、抵抗が小さいときほど鉛球は速く落下するようになる。

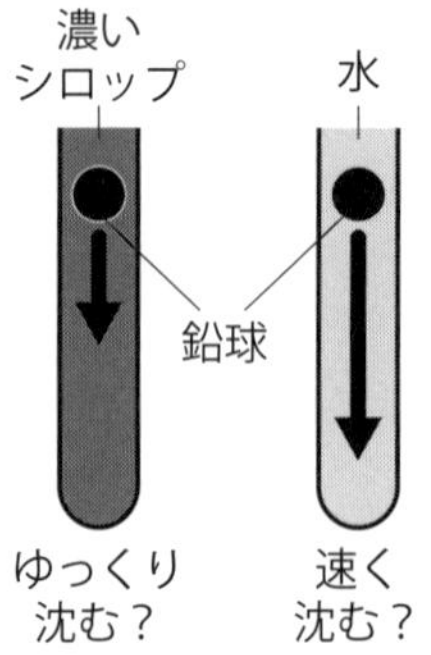

③では、ガラス管の中が真空だったらどうなるか？
真空では抵抗が生じないため、鉛球は無限大の速さで落下することになるだろう。
しかし、これでは同じ時刻に同じ鉛球がいろいろな場所に存在することとなってしまう。
これはおかしい。真空は存在しないはずだ。

論理学にも精通していたアリストテレスならではの考え方とも言えるでしょう。

もちろん、現代に生きる私たちからすればこれは明らかな誤りだと分かります。抵抗が小さい方が落下速度が大きくなるのは正しいですが、だからといって抵抗が0のときに落下速度が無限大になるというのには論理の飛躍があります。

しかし、アリストテレスの影響力は絶大で、なんとその後2000年の長きにわたってこの考え方は否定されず生き残ったのです。

なお、アトムを否定したアリストテレスは、エンペドクレスが提唱した「水・空気・火・土」

の四元素説を支持しました。

4つの元素の組み合わせを変えることであらゆるものを生み出せるという考えをアリストテレスが支持したことは、錬金術師たちを勇気づけることになりました（錬金術については4章参照）。

トリチェリ「真空を作り出した」

アリストテレスによる真空の否定は非常に大きな影響力を持ちました。というのは、その後に「やはり物質を構成する根源的な粒子（アトム）があるのではないか」という考えが復活するまでには相当長い期間を要したのです。

アリストテレス以降、中世にかけて物質の根源の探究は停滞してしまいます。

この状況を打破したのが、17世紀に活躍したトリチェリです。

イタリア北部の工業都市ファエンツァに生まれたエヴァンジェリスタ・トリチェリ

（1608−1647）は、イエズス会の学校で数学を学び、その後ローマでカステリのもとで研究を行いました。

カステリはガリレオ・ガリレイの弟子であり、トリチェリの研究もガリレイの目に留まります。そして、トリチェリはガリレイが亡くなるまでのわずかな期間でしたが共同研究を行いました。

トリチェリは、当時あり得ないと考えられていた**真空状態を作り出すことに成功**しました。1643年のことです。

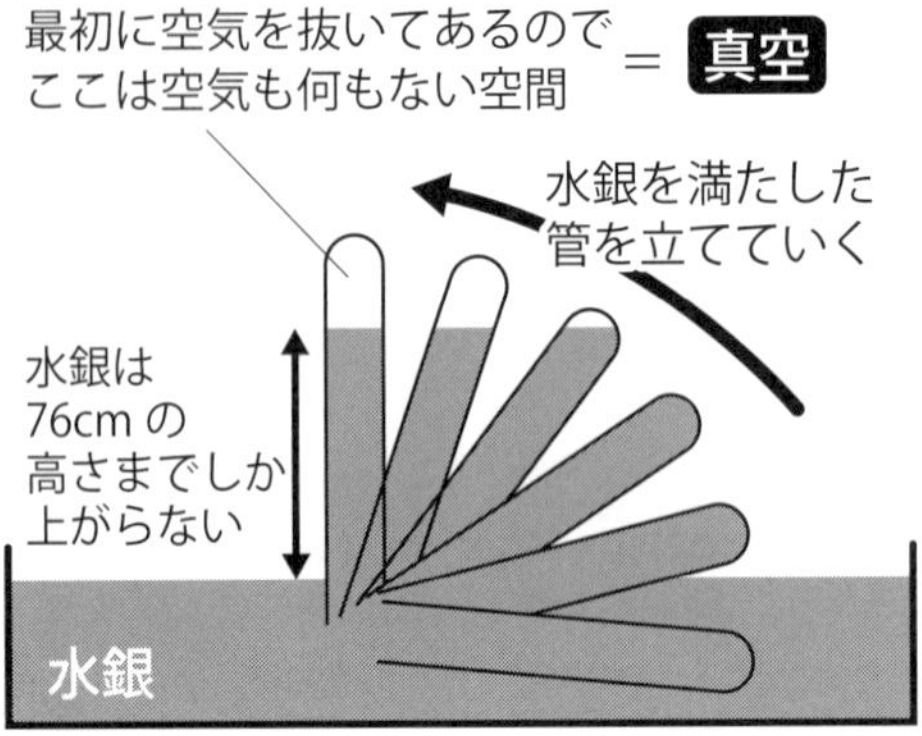

最初に空気を抜いてあるので
ここは空気も何もない空間
＝
真空
水銀を満たした
管を立てていく
水銀は
76cm の
高さまでしか
上がらない
水銀

アリストテレスは真空の存在を否定し、そのことが根源的な粒子（アトム）の否定につながりました。ですので、真空が存在することが証明されれば、根源的な粒子を否定する根拠はなくなるわけです。

これを見事に実現したのがトリチェリであり、根源的な粒子の探究を再開させることにつながったのです。

トリチェリは、次のような実験によって真空を作り出しました。

前ページの図の実験において最初水銀で満たされていた管を立てていくとき、水銀はある高さより上には上がらなくなります。具体的には、水銀が空気と接する面から76センチメートルよりも高いところへは水銀は上がらないのです。

これは、高さ76センチメートル分の水銀による圧力と大気圧がつりあうからです。

水銀の高さが76センチメートルを超えてしまったら大気圧とのバランスが崩れ、管から水銀が出ていってしまうのです。

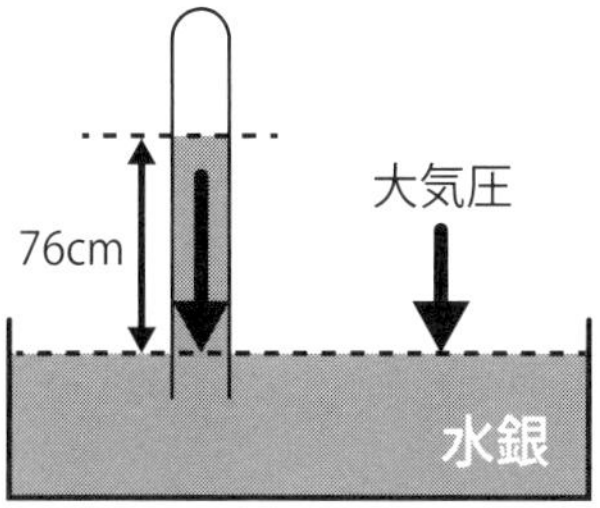

このとき管の中に作り出された空間には、水銀はありません。また、管からは最初に空気を抜いてあり、その後も空気が入らないよう実験するため空気が満たされているわけでもありません。

つまり、この部分には何もなく、これこそが真空状態なのです（正確には、水銀も蒸発するためこの部分には水銀の蒸気が含まれています。ただし、その量はわずかであり、現代科学の視点からも真空に近い状態と言えます）。

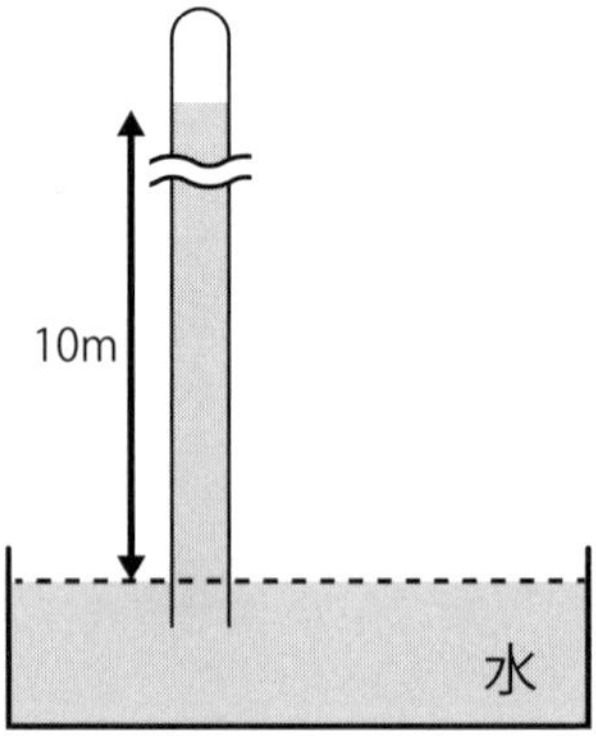

トリチェリはこのようにして真空を作り出しました。「自然は真空を嫌う」と述べたアリストテレスの考えを見事に打ち破ったのです！

この発見が、物質の根源の探究に弾みをつけることとなります。

ちなみに、この実験でわざわざ水銀を使うのはなぜでしょう？

水で行えばよさそうにも思えますが、もしも水で同じ実験を行うと必要な管の長さが10メートルを超えてしまいます。何もない空間は、水面からの高さが10メートルを超えたところに作られるのです。

これは、水の密度は水銀の密度の13・6分の1ほどであるため、同じ大きさの圧力を生み出すのに13・6倍の高さが必要となるからです。

逆に言えば、密度が水の13・6倍もある水銀を使うことで、必要な高さを76センチメートルまで小さくできるということです。

ラボアジェ「化学反応の前後で物質全体の質量は変わらない」

物質を構成する根源的な粒子が存在することは、18〜19世紀にかけて認められていくことになります。「すべての物質がそれ以上分割できない粒子である「原子」からできている」とする原子論は、1803年にイギリスの化学者ドルトンによって提唱されました。

これにはきっかけがありました。この少し前に相次いで発見された、2つの法則です。

1つめは**「質量保存の法則」**です。

1774年にフランスのラボアジェによって発見されました。

パリの裕福な弁護士の家庭に生まれたアントワーヌ・ラボアジェ（1743－1794）は、自らも法科大学に学んで弁護士となりました。ラボアジェは数学や自然科学にも深い関心を持ち、科学アカデミーの会員にもなりました。

裕福であったため、自ら実験室を作って週に1日は実験にふけったといいます。2枚の大型レンズで光を集め、ダイヤモンドを燃やす実験をしたこともあるそうです。

ラボアジェは、特にものが燃える現象について深く研究しました。そして、燃焼とはその物質が空気に含まれる1つの成分と結合することであることを発見したのです。

これは**酸素**であり、ラボアジェは空気が酸素と窒素から成り立っていることを明らかにしました。

さて、ラボアジェはものが燃える現象について調べましたが、ものが燃えると軽くなることがあります。例えば、木を燃やすと灰になりますが、灰はもとの木より軽くなっています。これはどうしてでしょう?

このことを、「質量が熱に変わったからだ」と解釈することもできそうです。その解釈が正しいかどうかは、実験によって明らかになります。密閉容器の中で燃焼を行うのです。

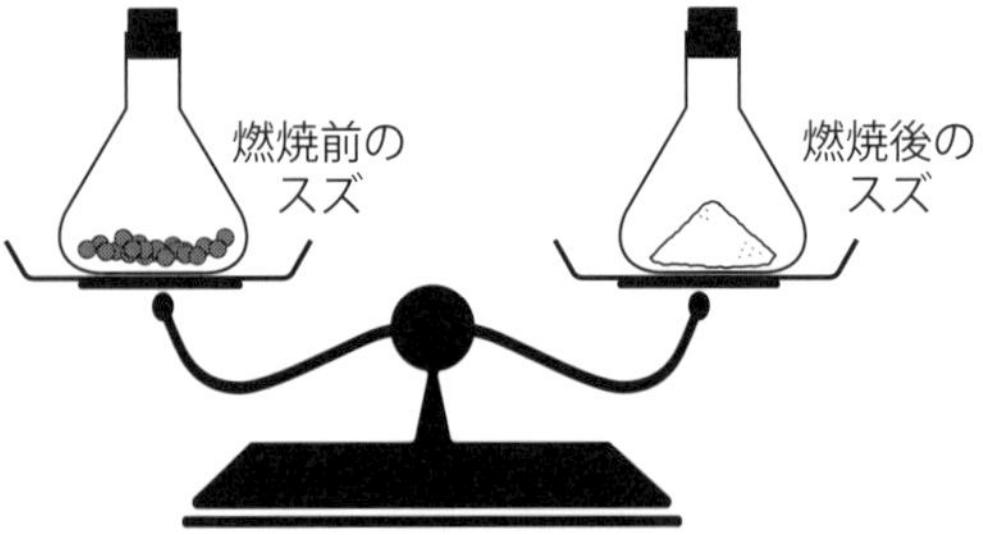

燃焼の前後で物質全体の質量は変わらない

ラボアジェは、実際に密閉容器の中での燃焼実験を行いました。そして、燃焼の前後で物質全体の質量は変わらないことを発見したのです。

このことから、例えば木が燃えるとより軽い灰になるのは、質量が熱に変換されるからではなく気体（二酸化炭素）が発生するからだと分かります。「化学反応の前後で物質全体の質量が変わらない」のです。

このことを、ラボアジェは「質量保存の法則」としてまとめました。このような業績を残したラボアジェは「近代化学の父」と呼ばれます。

偉大なラボアジェですが、徴税請負人として税金の徴収をするのが本業でした。そのため、フランス革命によって投獄され、処刑されるという悲運に遭ってしまいます。

プルースト「元素の質量比はつねに一定」

それでは、もう1つの法則です。

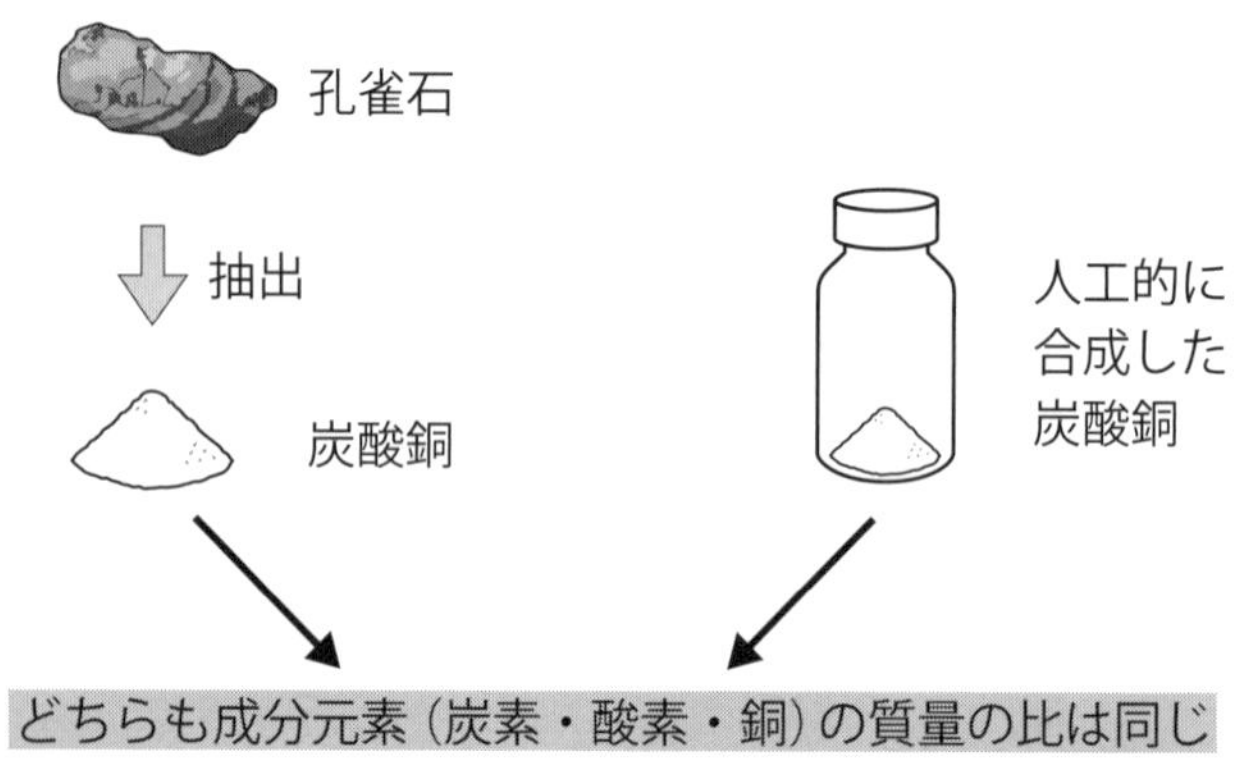
孔雀石
抽出
炭酸銅
人工的に
合成した
炭酸銅
どちらも成分元素（炭素・酸素・銅）の質量の比は同じ

こちらは1799年にフランスのジョゼフ・プルースト（1754－1826）によって発見された「**定比例の法則**」というものです。

定比例の法則は、「ある1種類の物質を構成する元素の質量比はつねに一定である」ことを説明するものです。と言ってもなかなか分かりにくいので、具体例で説明します。

例えば、水は水素と酸素が化合してできている物質です。このとき、水を構成する水素と酸素の質量比は必ず「1：8」になっています。どこにあるどんな温度の水であろうが、必ずこうなっているのです。

プルーストがこの法則を発見して発表すると、激しい非難を受けました。例えば、「鉱物を構成する成分元素の質量比は、その産地や製法によって変わるではないか」というものです。

これは、実際には鉱物の中にいろいろな種類の物質が含まれているためです。ある1種類の物質でできている鉱物であれば、どこで採掘しようがどのように作ろうが、成分元素の質量比は一定になるはずなのです。

プルーストはそのことを、鉱物である孔雀石から得られた炭酸銅でも、実験室で合成した炭酸銅でも成分元素の質量比は変わらないことなどを示して説明しました。

18世紀後半に発見された以上の2つの法則が、原子論を後押しすることになります。

ドルトン「原子は存在する」

「質量保存の法則」「定比例の法則」ともに、実験を通して確かめられた間違いのない法則です。それにしても、どうしてこのような法則が成り立つのでしょうか？

その理由を説明するための仮説として「すべての物質は原子でできている」という「**原子説**」を打ち立てたのが、イギリスのドルトンなのです。

ジョン・ドルトン（1766－1844）は、12歳で教会の塾の教師、15歳で学校の助手、17

歳で教授を務めるというように非常に若いときから活躍しました。原子説を提唱したのは、33歳で教授をやめてから少し後（1803）のことです。

ドルトンの原子説は、次のような考え方です。

①世の中にある物質は、それ以上分割することができない粒子（これを「原子」と呼びました）からできている。
②原子には種類があり、同じ種類の原子では質量も性質も等しい。
③化学反応とは原子の組み合わせが変化することであり、原子が消えたり生まれたりすることはない。
④原子は簡単な整数比で互いに結びついて化合物を作る。

ドルトンは、私たちの目には見えない小さな世界の様子をこのように考えたのです。そして、このように考えることで「質量保存の法則」と「定比例の法則」が成り立つ理由を説明できるとしたのです。

質量保存の法則が成り立つ理由は、原子説の③の考え方から理解できます。

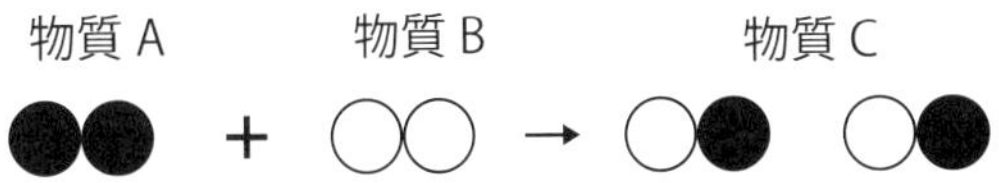

上図は、物質AとBが化学反応する様子（の一例）を示したものです。●や○で示しているのが、それぞれの物質を構成する原子です。

このときに起こるのは、原子の組み合わせ（ペアリング）の変化であることが示されています。

たしかに、組み合わせが変わるだけなら全体の質量が変わるはずはありません。

定比例の法則は、②と④の考え方から理解できます。

このことを、水を例に説明してみましょう。

水は、水素原子2つと酸素原子1つがくっついている物質です。つまり、2種類の原子が「2：1」という簡単な整数比で結びついているのです（④の考え方）。

さらに、世の中に存在する無数の水素原子の質量および酸素原子の質量はどれも等しいのです（②の考え方）。そうであれば、どこにある水でもそれを構成する水素と酸素の質量比は一定となるはずです。

水素原子と酸素原子の質量比は、1：16です。そのため、水を構成する

水素：酸素＝（1×2）：（16×1）＝1：8

水素と酸素の質量比は上図のようになるのです。

以上のように、ドルトンの原子説は2つの法則が成り立つ理由をうまく説明してくれます。このことから、原子説が受け入れられていくようになるのです。

つまり、世の中の人々が物質を構成する根源的な粒子の存在を認めるようになっていったのです。

ドルトンはさらに、自身の原子説に基づいてある法則が成り立つことを予言しました。「**倍数比例の法則**」と呼ばれるものです。

倍数比例の法則は、「元素Aと元素Bが化合していくつかの化合物を作るとき、一定質量のAと化合するBの質量は簡単な整数比になる」というものです。なお、元素とは「原子の種類」のことです。

これも具体例で示さないと分かりにくいかと思います。

1つの炭素にくっつく酸素の数が、一酸化炭素では1つ、二酸化炭素では2つとなります。

つまり、同じ量の炭素にくっつく酸素の量が「1：2」という簡単な

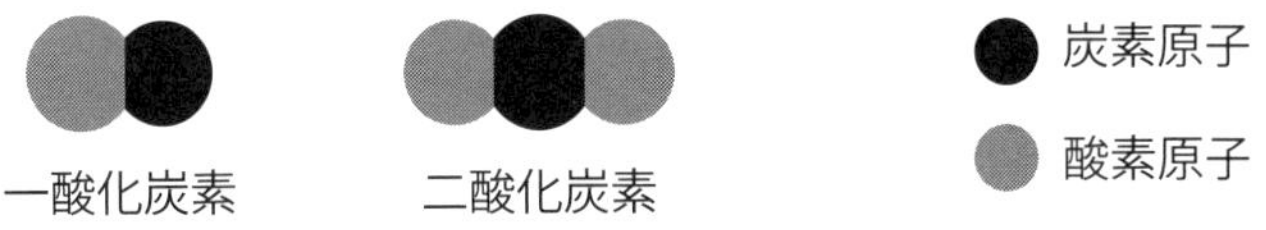

整数比となるのです。そして、そのために一定質量の炭素にくっつく酸素の質量も「1：2」となるのです。

原子説が正しければ、このような法則が成り立つはずです。

では、本当にこれは成り立つのでしょうか？

ドルトンは、実際に実験を行って検証しました。そして、倍数比例の法則が成り立つことを証明したのです。

このことが、ドルトンの原子説を裏づける大きな根拠となりました。

アボガドロ「原子は結合して分子になる」

ドルトンの原子説が支持されだした頃である1808年、これと矛盾するような法則が発見されました。フランスのゲーリュサックによる「**気体反応の法則**」です。

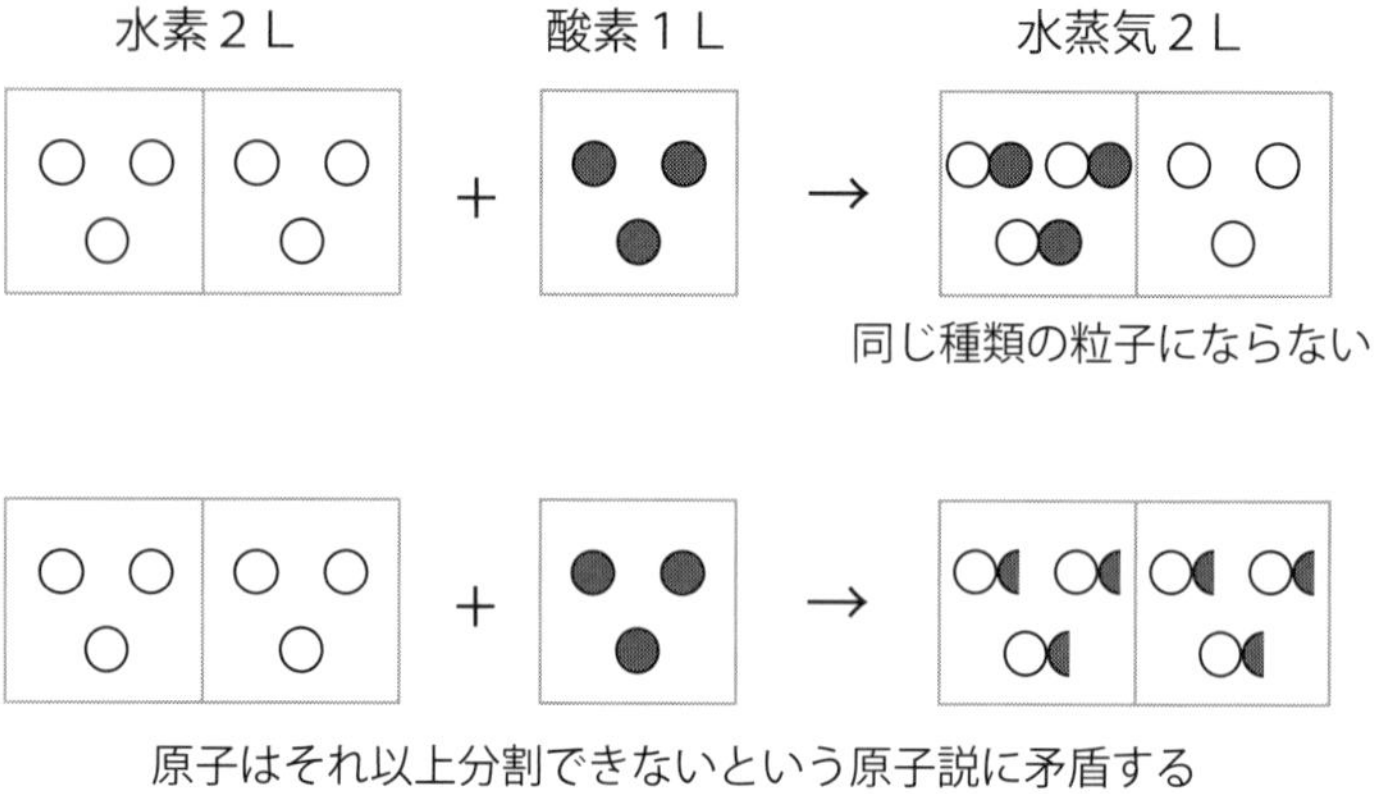
水素２Ｌ
酸素１Ｌ
水蒸気２Ｌ
同じ種類の粒子にならない
原子はそれ以上分割できないという原子説に矛盾する

ゲーリュサックは、水素を充填した気球に乗って7キロメートルもの高度の空気の調査を行ったことでも有名です。また、水とアルコールの混合についての研究も行いました。今でも、「アルコール度数」のことを「ゲーリュサック度数」と呼ぶ国があります。

ゲーリュサックが発見した「気体反応の法則」は、「気体の反応では、反応する気体の体積は整数比になる」というものです。

例えば、上図のようなものです。

上の反応では、「水素：酸素：水蒸気＝２：１：２」という整数比になっているのです。

ゲーリュサックはこの理由を、「（同温・同圧であれば）同じ体積の中に含まれる気体の原子の数は等しい」と仮定して考えてみました。

しかし、それではどうしてもうまく説明できなかったのです。右ページの図のような矛盾が生じてしまうからです。

このように、ゲーリュサックによって原子説と矛盾すると思われる法則が発見されてしまいました。

ドルトンの原子説は間違いだったのでしょうか？

そうではないようです。この矛盾は、イタリアのアメデオ・アボガドロ（1776－1856）によって解決されたのです。

1811年に発表された「**分子説**」です。

- 気体はいくつかの原子が結合したもの（＝分子）でできている。
- （同温・同圧であれば）同じ体積の中に含まれる気体の分子の数は等しい。

気体の場合、原子は単独で存在しているのではないというのです。そして、一定体積の中に含まれる数が等しいのは原子ではなく分子だとしたのです。

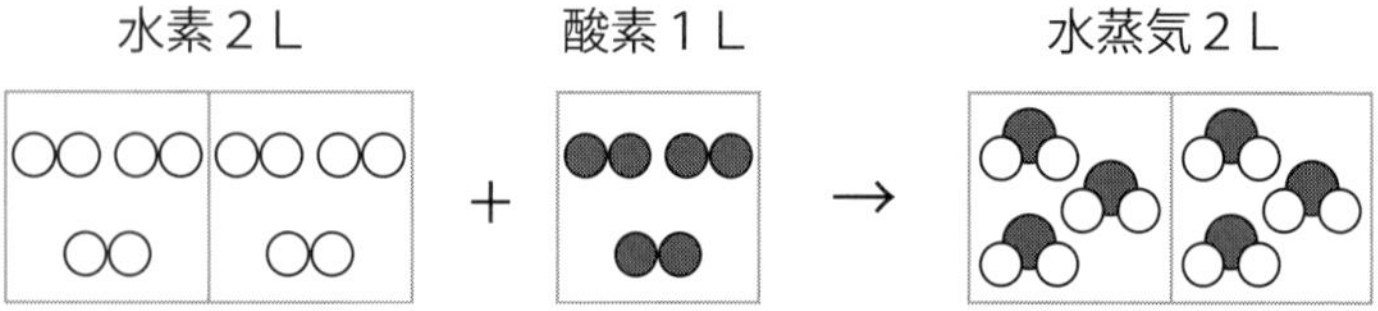

このように考えると、上図のように気体の反応を原子説と矛盾することなく説明できるようになるのです。

水素も酸素も、分子でできているのです。

これらが反応するときには、各分子がいったんバラバラになり、組み合わせを変えるのです。その結果できるのが、水素原子２つと酸素原子１つから成る水の分子というわけです。

アボガドロの分子説によって補足されることで、ドルトンの原子説の信憑性が増すこととなります。紆余曲折を経て、原子説の正しさが認められるようになっていったのです。

化学者たちは、目に見える現象を通して目に見えない小さな世界を解明してきたことが分かります。その慧眼には、感服するばかりです。

ここまでは、先人たちが物質の根源についてどのように考え、どのように解明してきたのかを紹介してきました。「すべてのものが原子でできている」という世界観は２０００年以上も昔からあったのですが、それが根拠を得るまでには非常に長い年月がかかったことが分かります。原子説に根拠を与えたのは科学であり、自然科学の発展がものの成り立ちを明らかにしてくれることが分かります。

なお、原子説が認められるようになった後も、物質の根源の探究は続きます。「原子の中身はどのようになっているか？」という問題です。

人類が原子の中身についての知見を得られるようになったのは、20世紀に入ってからです。

ラザフォード「原子の中はスカスカだ」

原子の存在が確信されるようになると、次に気になるのは「原子の中はどうなっているのか？」ということです。

このことが明らかになったのは、20世紀の初め頃です。

1911年にイギリスのラザフォードがガイガーやマースデンらと行った実験によって明らかになりました。

アーネスト・ラザフォード（1871-1937）はニュージーランドの農家に生まれ、優秀でありながら志願した高校教師に採用されず、イギリスへ渡った人です。イギリスではケンブリッジ大学の研究員となり、のちに物質を構成する根源的粒子の1つである電子を発見したJ・J・トムソンの指導を受けます。

ラザフォードたちが行った実験の内容や結果、そこから分かることは7章（197ページ）で詳しく説明するので、ここでは要点のみ示します。

ラザフォードらは、原子が持つプラスの電気は中心部分に集まっていること、そしてその周りをマイナスの電気を持つ電子が回っていることを突き止めたのです。

原子の中心にあるプラスの電気が集まっている部分は、「**原子核**」と呼ばれます。ラザフォードらは、その大きさも突き止めました。

当時、1つの原子の大きさはおよそ1兆分の1センチメートルであることが分かっていました。原子はこれほどに小さなものなのですが、原子核はさらにずっと小さく、原子の1万分の1ほどの大きさであると分かったのです。

ラザフォードらは、原子の中心にはこれほど小さな原子核があり、周りを電子が回っているというのが原子の構造だと明らかにしたのです。

20世紀には、見えない原子の中身を知れるほどに物理学が発展していたことが分かります。

さて、あまりに小さく目に見えない原子ですが、ラザフォードが明らかにした構造を保ったまま拡大したらどうなるでしょう？

例えば、原子を拡大して直径1メートルの球にしたとしましょう。その場合、原子核はその1万分の1、すなわち0・1ミリメートルの大きさになります。

なお、電子は原子核よりも小さいことが分かっています。このように拡大して考えると分かりますが、原子の中のほとんどの部分には何もないのです！

原子の中はスカスカなのですね。

原子の構造

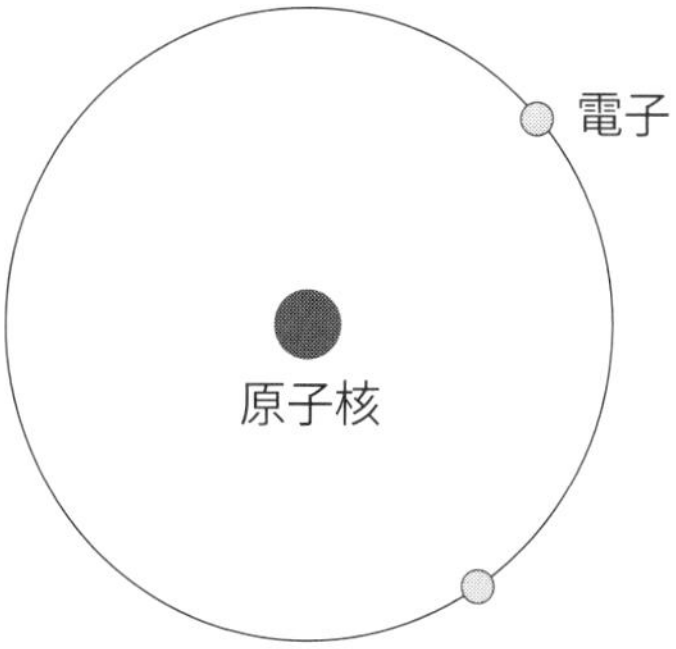

これは、考えてみると不思議なことです。

原子がスカスカだということは、原子が集まってできている私たちの身体もスカスカだということです。私たちが暮らしている家も、座っている椅子も、何もかもがスカスカでできているのです。

それなのに物体が安定して存在している、そこに不思議さを覚えます。

ラザフォードらが明らかにしたのは、このような世界の姿なのです。

ボーア「電子は特定の軌道にしか存在できない」

ラザフォードらは、「原子の中身がどうなっているのか？」という問題に決着をつけたようにも思われました。しかし、そう簡単ではなかったのです。

原子の中心にプラスの電気を持つ原子核があり、マイナスの電気を持つ電子がその周りを回っているというモデルには、うまく説明できないことがありました。

１つめは、原子核の周りを回る電子についてです。

電気を持つものが回転運動すると電磁波を発生することが、当時の物理学で分かっていました。電子はマイナスの電気を持ちますから、やはり電磁波を発生するはずです。電磁波にはエネルギーがありますから、電磁波を発生した分だけ電子はエネルギーを失います。すると回転運動の勢いを失い、やがて原子核にまで落ち込んでしまうはずなのです。

しかし、これでは原子が安定して存在できることになりません。現実に、原子は安定して存在しています。

ここに、ラザフォードの理論の現実との矛盾があるのです。

２つめは、原子が発する光についてです。

当時までの観測によって、ある種類の原子からは特定の波長（色）の光しか放出されないことが分かっていました。しかし、電子が電磁波を放出しながら原子核に落ち込んでいくとすると、そのとき電子は連続的な波長（色）の光を放出するはずなのです。

この点も、現実と合致しません。

以上の2つが、ラザフォードの原子モデルに見つかった難点です。

ラザフォードのモデルは間違いなのでしょうか？

これを解決したのが、デンマークの物理学者ニールス・ボーア（1885-1962）です。

ボーアはコペンハーゲンに理論物理学の研究所を開き、多くの優れた物理学者らとともに量子力学を発展させました。量子力学は20世紀に入ってから発展した物理学で、目に見えない小さな世界の様子を明らかにするものです。

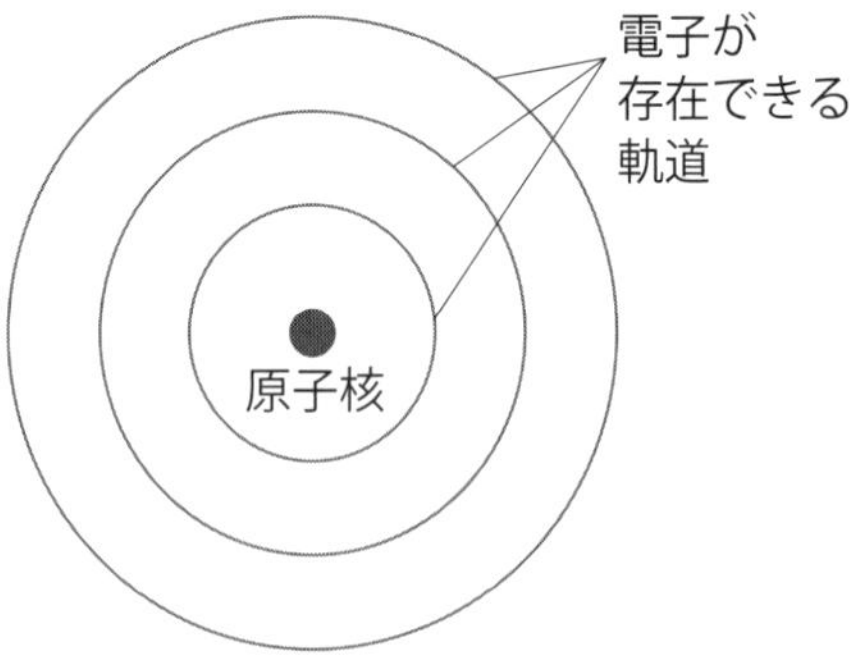

さて、ボーアは右図のように考えてラザフォードの原子モデルに見つかった2つの難点を解決しました。

「回転運動する電子は原子核に落ち込むはずだ」という点については、「電子は特定の軌道にしか存在できない」と考えて解決しました。

ボーアは、電子は原子の中でどこでも好きなところにいられるわけではない、と考えたのです。**回転運動できる特定の軌道があり、電子は必ずそこにいる**としたのです。電子はこのように指定されている軌道のどこかにいます。そのため、原子核に落ち込んでしまうことがないと考えられるわけです。

次に、「原子からはあらゆる波長（色）の光が放出されるはずだ」という点については、「原子から光が放出されるのは電子が別の軌道へ移動するときである」と考えて解決しました。

電子は、存在する軌道に応じたエネルギーを持ちます。ある軌道を回っている電子は決まったエネルギーを持ち、その値は軌道によって異なります。電子が別の軌道へ移動するときには、もともといた軌道のエネルギーとの差に相当する光を放出または吸収することになるのです。

例えば、エネルギーの値が20の軌道にいる電子がエネルギーが15の軌道へ移るときには、5のエネルギーを光という形で放出します。エネルギーが30の軌道へ移るときには、10のエネルギーを光の形で吸収するのです。

ボーアは、原子から特定の波長（色）の光が放出される理由をこのように説明しました。

これは、19世紀までの物理学では立ち入ることのできなかった領域です。ボーアは、量子力学の発展に大きく貢献したのです。

今も続く「究極的な根源」の追求

20世紀の初め頃に、どのようにして原子の中身が明らかになったのかを見てきました。ミクロな世界の探究は、その後も発展し、現在まで続いています。

長い年月を経て発展した物理学は、「物質には究極的な根源があるだろう」という古代の世界観の正しさを証明することとなります。現代科学が古代とつながる面白さがあります。私たちが享受している現代科学は、これまでの歴史があってこそのものであるということを感じていただけたでしょうか。

4章

化学を発展させた錬金術

錬金術はいかがわしい？

この章では、錬金術をテーマにその足跡を辿ってみたいと思います。

「そんないかがわしいものを取り上げてどうするんだ？」

と思われるかもしれません。

たしかに、「錬金術」という言葉には怪しげな、魔術的なイメージを抱かれることが多いと思います。金を簡単に生み出すことができたら、金はいまのように価値の高いものではなくなってしまうでしょう。

しかし、じつは錬金術は科学、なかでも化学の進歩に欠かせないものだったのです。どうしてでしょう？

この章では、錬金術がどのような変遷を経て、現代科学につながっているのか紹介したいと思います。

錬金術とは「卑金属を貴金属へ変える」ための術です。

鉄、銅、アルミニウムなどありふれた金属が「卑金属」であり、自然界では酸素などとの化合物として存在していることが特徴です。これを、金、銀、白金（プラチナ）など希少な金属である「貴金属」に変えようというのです。

貴金属はそのまま自然界から取り出すことができます。ただし、存在量が少ないのです。そこで、人工的に作ろうとしたわけです。

貴金属の中でも、神話の時代から金は特に貴重なものとされてきました。

例えば、ギリシャ神話にはゼウスが黄金の雨に変身したという話が登場します。また、新約聖書にはイエスの誕生の祝いとして贈られたものの中に黄金が含まれていた話が出てきます。黄金は、王位を象徴するものでした。古代エジプトのツタンカーメンの墓からは黄金のマスクが見つかっています。

さて、現代では、化学反応を起こして金を作り出すことなどできないと、明らかになっています。しかし、人類は長い間まじめに錬金術に取り組んできました。そして、その過程の中で膨大な化学的知見を手に入れてきたのです。

アリストテレスの信奉者たち「金を作りたい」

錬金術の源泉の1つになったのは、ギリシャ哲学だと言われています。ただし、詳細に判明しているわけではありません。錬金術に関する古い資料は偽名で書かれたものが多く、神秘主義的な記述も多く登場するためです。こういった資料の中にはアリストテレスの名前で書かれたものもあります。

アリストテレスは、エンペドクレスの**四元素説**（万物は「水」「空気」「火」「土」という4つの元素の離散集合によって成り立っているという考え方）を支持しました（76ページ参照）。そして、これに「**熱と冷**」「**乾と湿**」という要素を追加したことが、錬金術につながります。

エンペドクレスは、「水」「空気」「火」「土」という4つの元素は不変のものと考えました。それに対して、アリストテレスは「熱と冷」「乾と湿」という性質が変われば元素は変化しうると考えたのです。

例えば、「熱くて乾いた」火の性質が「冷たくて湿った」ものに変われば、火は水に変わるというわけです。

錬金術において、卑金属から貴金属を生み出すには「賢者の石」が必要だとされました。卑金属を貴金属に変化させる触媒が、賢者の石です。

賢者の石には、「生命を生み出す」「不老不死を可能にする」「死者を蘇生させる」「普通の人間を人格高邁で高貴な人間に昇華させる」といった力もあると信じられました。

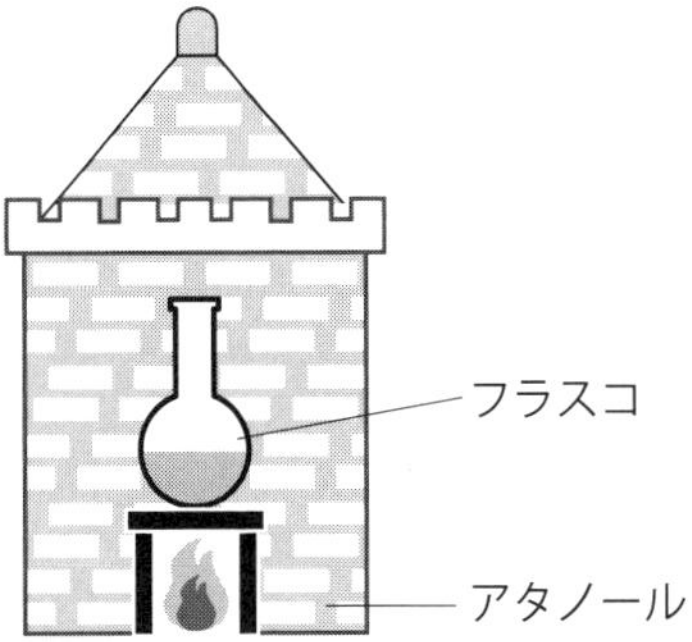

つまり、賢者の石は万能なのです。錬金術師たちは、このようなものを求めて必死に試行錯誤したのです。

錬金術では、賢者の石を作る技術は2種類あるとされました。「湿った道」と「乾いた道」です。

湿った道では、材料を「哲学者の卵」と呼ばれる水晶でできた球形のフラスコに入れて密閉します。そして、それをアタノールという炉で加熱します。

この方法で賢者の石ができるのには、少なくとも40日かかるとされました。

一方、乾いた道では土製のるつぼだけを使って加熱します。こちらの方法では、わずか4日間で賢者の石が完成するとされました。多くの人はアタノールを入手するのが困難だったため、乾いた道を選んだようです。

これらの方法により、材料が「黒→白→赤」と色を変え、「赤くてかなり重く、輝く粉末」の姿になったのが賢者の石だとされました。

このようにして得られた賢者の石を、常温で液体状態を保つ金属である水銀や、熱して融かした（液体にした）鉛や錫《すず》の中へ入れます。すると、それらが貴金属に変化するとされたのです。

最終的には錬金術師たちが賢者の石を手にすることは叶いませんでしたが、多くの副産物を残してくれました。

錬金術師たちは賢者の石を求める過程で多くの実験を行い、実験道具を開発したり、さまざまな化学変化を発見したりしてきたのです。

ビーカーやフラスコなど多くの人になじみのあるガラス器具は、錬金術師たちによって発明されたものです。「化学（chemistry）」の由来は、「錬金術（alchemy）」だとされます。

このように、化学を発達させたのは錬金術だったのです！

なお、錬金術師の中には「エリクサー（錬金霊液）」を求める人もいました。賢者の石と同じように貴金属を生み出したり、病気を治療したりする霊薬とされたものです。

実際に、霊薬として作ったものを瀕死の病人に飲ませることもあったようです。錬金術の知識は医学にも応用されていたことが分かります。


ちなみに、中国にも同じような話が残されています。

中国では、不老不死を求めた皇帝たちが「丹薬」と呼ばれるものを服用していました。神秘的な力を宿していると信じられていたものですが、その成分は水銀の化合物であり実際には水銀中毒を起こしていた可能性があります。

漢の武帝に仕えた、李少君という人がいます。

随分と長生きして仙人のように扱われていたと言われる人ですが、彼は丹砂（水銀の鉱石）から黄金を作ったそうです。そして、その黄金で食器を作り、その食器で食事をすると長生きできるとされたのです。

これは、錬金術を実現したように思える話です。しかし、実際にはあらかじめ水銀と他の金属の合金である水銀アマルガムの中に金を溶かしこんでおき、その後に水銀だけを蒸発させて金を出現させたものだと考えられます。

錬金術師が考えることは、洋の東西を問わず似ていたのかもしれません。

ゾシモス「本質を捉えがたい」

錬金術は、紀元前3世紀頃にローマ占領時代の古代エジプトで生まれたとされています。ヘレニズム時代（前4ー前1世紀）のアレクサンドリアで、錬金術は発達しました。

アレクサンドリアは、その名の通りアレキサンダー大王（前356ー前323）が建設した都市です。エジプト、ペルシャ、メソポタミアなどアレキサンダー大王が征服した広大な地域の知が、ここへ集まりました。

アレクサンドリアで錬金術が生まれていたことは、例えば1828年にエジプトでミイラとともに見つかったパピルスの記述から読み取れます。オランダのライデン大学が購入したため「ライデン・パピルス」と命名されたものですが、ここに「金4・銅3・ヒ素1を融解して混ぜると金ができあがる」といった記述があるのです。

そしてこの頃から、おそらく実在していたらしい人物たちが錬金術師として登場してきます。

最も有名なのはゾシモス（３－４世紀）という人物で、28巻にもわたる錬金術の事典を書いたとされています。

その大部分は失われてしまいましたが、いくつかの断片が今日まで伝わっており、謎めいた文書や格言などもあります。

例えば水銀と思われるものについて「これぞ探し求める神聖にして大いなる神秘」「両性具有者であっていつも逃げ回る」「本質を捉えがたい」といったことを記しています。このような意味ありげな言葉が、錬金術の捉えがたさの一因になっている可能性があります。

ちなみに、この時代に錬金術を通して生まれた化学技術をいくつか紹介したいと思います。４世紀頃のユダヤ人の錬金術師マリアは、ケロタキスという装置を発明しました。これは、銅の薄い小片などの金属を入れ、薬品の蒸気にさらす装置です。

これは今でも「バンマリー」という湯煎をするための鍋として残っています。

ハイヤーン「どんな金属も硫黄と水銀が元になっている」

そこから錬金術はさらに、イスラム文化のアラビアへと伝わります。

このことには、歴史の大きな流れが影響しています。

４７６年、西ローマ帝国が滅亡します。長く栄えていてたローマ帝国の一端が実質的になくなったことにより、ヨーロッパは「暗黒時代」とも言われる「中世」に入ることになります（なお東ローマ帝国はその後も持続します）。

５２９年には、アテネでプラトンが創設したアカデメイアや、アリストテレスが創設したリュケイオンが閉鎖されてしまいます。

これは、当時の東ローマ帝国がキリスト教国になっており、聖書以外のものを教えることは都合が悪かったからです。どちらも、異教の学校とされてしまったのです。

このようなことがあって、大学から知識人が流出することになりました。それを受け入れたのが、当時のササン朝ペルシア（現在のイラン）の大学だったのです。

そしてササン朝ペルシアが戦争に敗れたことで、イランはイスラム化していきます。イスラムの学者たちは、古代ギリシャで書かれたアリストテレスやプラトンの著書などを翻訳し、ギリシャ哲学に夢中になっていきました。

8世紀のイスラム帝国では、ギリシャ語やシリア語をアラビア語に翻訳する大翻訳運動が起こります。

9世紀はじめには、「知恵の館（バイト・アル＝ヒクマ）」でも古代ギリシャの書物の翻訳が盛んに行われました。

例えば、天文学者イブン＝ムーサ・アル＝フワーリズミーは「約分と消約の計算の書」を著し、「代数学の創始者」と呼ばれることになります（実際は複数の文献から引用したもののため、創始者とは言えないのですが）。

このような中で、錬金術の分野においても大学者が現れたのです。ジャービル・イブン・ハイヤーン（721－815）です。

ジャービル・イブン・ハイヤーンは、「どのような金属も硫黄と水銀が元になってできている」と考えました。

これは、113ページで紹介したゾシモスの考えとは異なるものです。

ジャービル・イブン・ハイヤーンは、硫黄と水銀がどのような比率で結合するかによって、どのような金属が生まれるのかが変わるのだと考えたのです。そして、ある比率で結合したときにだけ金が生まれると考えました。これと異なる比率で結合したのでは金は生まれず、例えば金が生まれる場合に比べて水銀の割合が少なくなると、鉄や銅といった金属になると考えたのです。

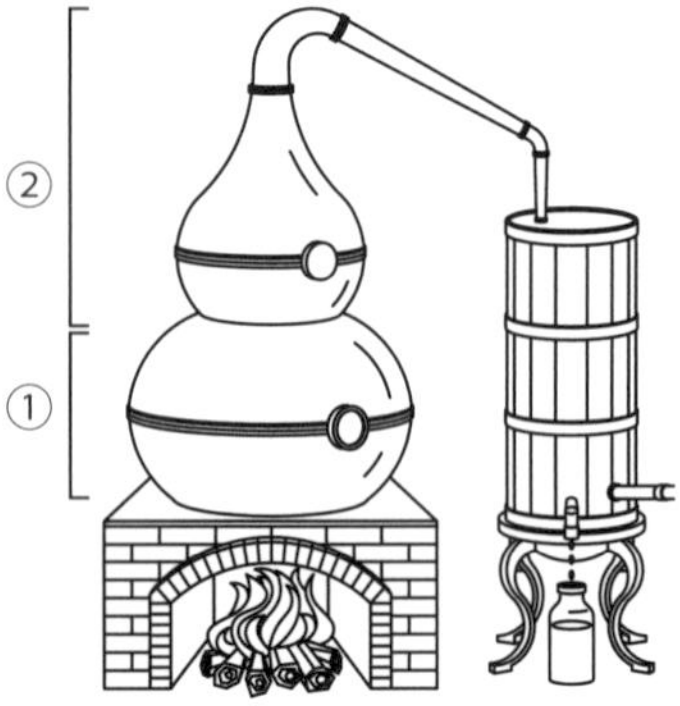

アランビック

ジャービル・イブン・ハイヤーンのこのような考えは、四元素説に基づいたものと言えます。そして、硫黄と水銀を調合して反応させるためには、その反応を促進する触媒が必要だと考え、その触媒を追求したのです。


なお、ジャービル・イブン・ハイヤーンは、「アランビック」という蒸留装置を考案しました。

上図の①の部分に原料を入れ、②の部分に蒸気を集めます。そして、これを使って塩酸などの物質の精製をします。塩酸と硝酸を混ぜて作られる「王水」には金をも溶かすはたらきがあることも発見されました。金を溶かす王水は、現在でも純度の高い金を精製するのに利用されます。

なお、アランビックはその後の蒸留器具の原型となりました。

江戸時代には、日本へも蒸留装置が伝わってきます。日本では「ランビキ」と呼ばれましたが、その名の由来はアランビックにありました。

江戸時代の日本では、日本酒（アルコール度数15％程度）を蒸留して焼酎（同25％程度）が作られたと言われます。このような蒸留が、ランビキを使って行われたのです。

ベーコン「自然的な魔術は邪悪ではない」

その後、錬金術は12世紀にヨーロッパへ伝わります。

きっかけは、11世紀末から何度も行われた十字軍の遠征です。これが、ヨーロッパの人々がアラビアの化学に触れるきっかけとなったのです。

そして、翻訳が始まります。今度は、アラビア語からラテン語への翻訳です。

この時代に活躍した人に、イギリスの哲学者ロジャー・ベーコン（1214－1294）がいます。イギリス生まれのベーコンはオックスフォード大学やパリ大学で神学や天文学を学び、その後修道僧になった人物です。その博識ぶりは当時の人々の理解をはるかに超えており、魔法使いと思われていたほどでした。このベーコンが、錬金術に関心を持ったのです。これが、ヨーロッパに錬金術が広がる1つのきっかけとなりました。

ベーコンは実験や観察を重視していました。しかしその合理的な考え方のために教会と対立して異端の罪に問われてしまい、幽閉されたり著書が禁書とされてしまったりといったこともありました。

それでも彼は「近代科学の先駆者」と言われています。例えば、彼はメガネや幻灯機を発明したと言われてます（諸説あり）。ベーコンが書いた『大著作』には、光学・視覚・数学に感ずる知見が多く書かれていて、凹凸レンズの特徴を理解していたことが分かります。

ベーコンは、錬金術に黒魔術的なあやしい一面があることを認めていました。しかしそれらを「邪悪なものを助長するもの」として、自然現象とは区別して考え、「自然的な魔術は邪悪ではない」として、観察や実験などを行っていたのです。

錬金術は、医療も進歩させました。

ベーコンの弟子に、アルノー・ド・ヴィルヌーヴという人がいました。医師であり、不老不死になれる万能薬エリクサを求めたとされます。

しかし、死後に彼の著作は異端のものとして焼かれてしまうこととなります。彼の業績は、彼の弟子を経由してパラケルススへと受け継がれることとなります。

パラケルスス「病気の人間は完全な状態でない」

スイスの医師で錬金術師でもあったパラケルスス（1493頃－1541頃）は、効き目のある医薬品を作って人間を完全にしていくことが錬金術の目的だと考えました。

なお、彼は古代ローマの高名な医師ケルススを凌ぐという意味で「パラケルスス」を自称していました（本名は異なりますが、本書では「パラケルスス」と表記します）。

スイスで生まれたパラケルススはヨーロッパ中を放浪し、錬金術をはじめさまざまな知識を身につけました。その中で、人間の生命と宇宙の生命を結びつけて考えるようになったのです。

そして、錬金術は金属を作り出すためだけのものではなく、人間や植物などすべてのものに影響するものだと考え、医学にも応用しようとしたのです。

パラケルススは、それまでの薬草などを利用したものではなく、化学的に調整した薬品を使用する化学療法を導入しました。

パラケルススは、病気の人間は「完全な状態でない」のであり、病気を治して「完全な姿」にするのが医学の目的と考えました。そして、その手段として鉱物をもとにした薬を絶賛し、従来の薬草を否定したのです。これが、化学療法につながったのです。

その結果、16世紀に入ると現代化学につながる研究論文も出はじめます。

グラウバー「万能薬ができた」

パラケルススの後継者の中に、化学工業の元祖ともいえるドイツのヨハン・ルドルフ・グラウバー（1604頃−1670）がいます。

彼は、ハンガリア病（発疹チフス）にかかったときにパラケルススが成分を研究していたノイシュタットにある泉の水を飲んで治癒した経験から、パラケルススの後継者を目指す決意をし、薬剤師の修行をしました。そして、錬金術を追い求める過程で得た物質を化学薬品や医薬品として製造販売したのです。

例えば、食塩と硫酸を反応させて生まれる硫酸ナトリウムという物質を「グラウバー塩」と呼び、万能薬として売り出しました。ただし、実際にはこれには下剤としての働きはあっても万能薬ではありません。現在は、入浴剤として利用されています。

グラウバーは、1648年にアムステルダムの錬金術師の住居を薬品製造所に改造しました。そして、硫酸、硝酸、塩酸などの化学薬品を製造販売しました。それまでの錬金術の手法を改良し、量産を可能としたのです。

グラウバーは、化学工業を興したと言えます。

グラウバーの業績は、錬金術から化学への移行の象徴となりました。

ニュートン「錬金術は神による天地創造の謎を解き明かすためのもの」

かのニュートンも、錬金術師でした。

彼の業績は1章や2章で紹介した通りですが、じつは錬金術と呼べるような研究にも多くの時間を費やしていたのです。

ニュートンは敬虔なキリスト教信者でもありました。彼にとって、錬金術は神による天地創造の謎を解き明かすためのものだったのです。

ニュートンの死後、遺稿の中に錬金術に関する記述が発見されました。ニュートンの母校であるケンブリッジ大学は「科学的なものでない」という理由で遺稿の所蔵を拒否しましたが、経済学者ケインズがこれを買い取ります。ケインズは、「ニュートンは理性の最初の人ではなく、最後の錬金術師だった」と述べています。

錬金術に取り組んだニュートンの遺髪からは、高濃度の水銀や鉛が検出されたということです。礼拝堂の脇に錬金術の実験室をつくり、そこで実験を繰り返していたそうです。

その後、18世紀には錬金術はほとんど消滅しました。

17世紀にはいわゆる「科学革命」が起こりました。コペルニクスが地動説を唱え、デカルトの合理主義が広がり、そしてニュートンが万有引力の法則や慣性の法則を発表した17世紀に、自然科学は急速に発達しました。

このことは社会や生活と同様に、人々の考え方も大きく変えました。感覚や経験ではなく、理性や理論を重視する考え方によって自然現象を理解できるようになったのです。そのような中で錬金術は衰退の道をたどり、非科学的なイメージを持つようになっていきました。

ただ、錬金術は**化学の研究**という形に変わって現代にまで残ります。

ベトガーの白磁器

化学として残った錬金術の試みをひとつ紹介しましょう。

17〜18世紀のヨーロッパでは、東洋製の陶磁器が珍重されていました。中国や日本から輸入していたものです。

そこで、当時の有力者アウグスト2世は錬金術師のヨハン・フリードリッヒ・ベトガー（1682－1719）に東洋陶磁器を製造することを命じました。

1709年、ベトガーは東洋陶磁器に勝るとも劣らない白磁の製造に成功しました。白磁は、白い素地に無色の釉《うわぐすり》をかけた陶磁器です。これが、西洋白磁の頂点とされる、ドイツのマイセンで生産されるマイセン陶磁器の始まりなのだそうです。

ベトガーは錬金術師と呼ばれていた人物で。早くからさまざまな実験を繰り返していました。彼は黄金を作り出すことはできませんでしたが、研究の過程でためしに使ってみた白い粉が白磁の製造につながる重要な物質だったことに気付き、実際に白磁を作ってみせたのです。

ためしに使った白い粉というのは、当時かつらに使用されていたヘアパウダーで、主成分はカオリンという粘土類鉱物でした。ベトガーは自分のかつらがやけに重いことに疑問を持ち、実験を行い、白磁にたどり着いたのです。

このように、錬金術師は人々の生活に身近なものを作る仕事も担っていました。錬金術師というのは、特別な存在ではなかったことが分かります。

ノーベル賞のメダルを作り直してもらったヘヴェシー

もうひとつ、これは錬金術ではありませんが、一度溶かした金を復活させたというエピソードを紹介します。

第二次世界大戦中にナチスドイツに侵攻されたデンマークで起こったことです。

このとき「王水」が使われました。王水は塩酸と硝酸を3：1の割合で混合したもので、金を溶かす力があります。

デンマークの化学者ゲオルク・ド・ヘヴェシー（1885-1966）は、ナチスから迫害され海外へ亡命したドイツの物理学者ラウエとフランクから、彼らの受賞したノーベル賞の金メダルを預かっていました。

しかし、デンマークもドイツの侵攻を受けることになります。ヘヴェシーも亡命することとなりますが、預かった金メダルの扱いに苦慮しました。当時は金を国外へ持ち出すことは禁止されており、かといって残していったのではナチスに没収されてしまうでしょう。

そこで、ヘヴェシーは王水を利用しました。金メダルを王水に溶かし、それをそのまま研究室に残して立ち去ったのです。

ナチスにとって、残された王水に金が溶けているなど思いもよらなかったことでしょう。

戦後にヘヴェシーが研究室に戻ると、金メダルを溶かした王水はそのまま残っていたのです。

この話を知ったノーベル財団は、残されていた溶液から金を取り出し、金メダルを作り直したのでした。

核反応という現代の錬金術

錬金術の歴史を見てきましたが、皮肉なことに錬金術によって進歩した化学は、錬金術が不可能であることを示しました。それは、化学反応は元素の組み合わせが変わることであり、新たな元素が生まれるものではないことが明らかになったからです（90ページ参照）。

ただし、それは「化学反応」によって新たな元素を生み出すのは不可能だということであって、他の反応で生み出すことを否定するものではありません。

そしてなんと、実際に錬金術を可能にする反応を人類は発見したのです！「核反応」というものを利用する方法です。

原子の中心部分には、原子核があります（199ページ参照）。ここには、プラスの電気を持つ陽子と電気を持たない中性子が集まっています。そして、原子の種類（元素）を決めているのは原子核にある陽子の数なのです。陽子の数は「原子番号」と呼ばれています。

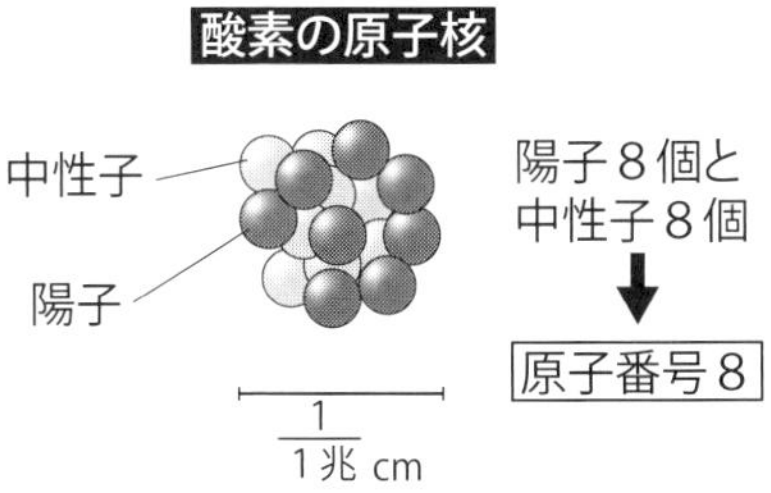

さて、こういった原子核どうしが反応して新たな原子核ができたら、陽子の数が変わると思いませんか?

じつは、その通りなのです。そして、そのようなことが実際に実現しています。

例えば、日本で誕生した「ニホニウム」という元素は、次のような方法で生み出されました。

プラスの電気を持つ原子核は、電気の力で加速することができます。これは加速器という装置で実現されます。

30個の陽子を持つ亜鉛の原子核を光速の10％という超高速まで加速し、83個の陽子を持つビスマスの原子核に衝突させます。

ニホニウムのつくりかた

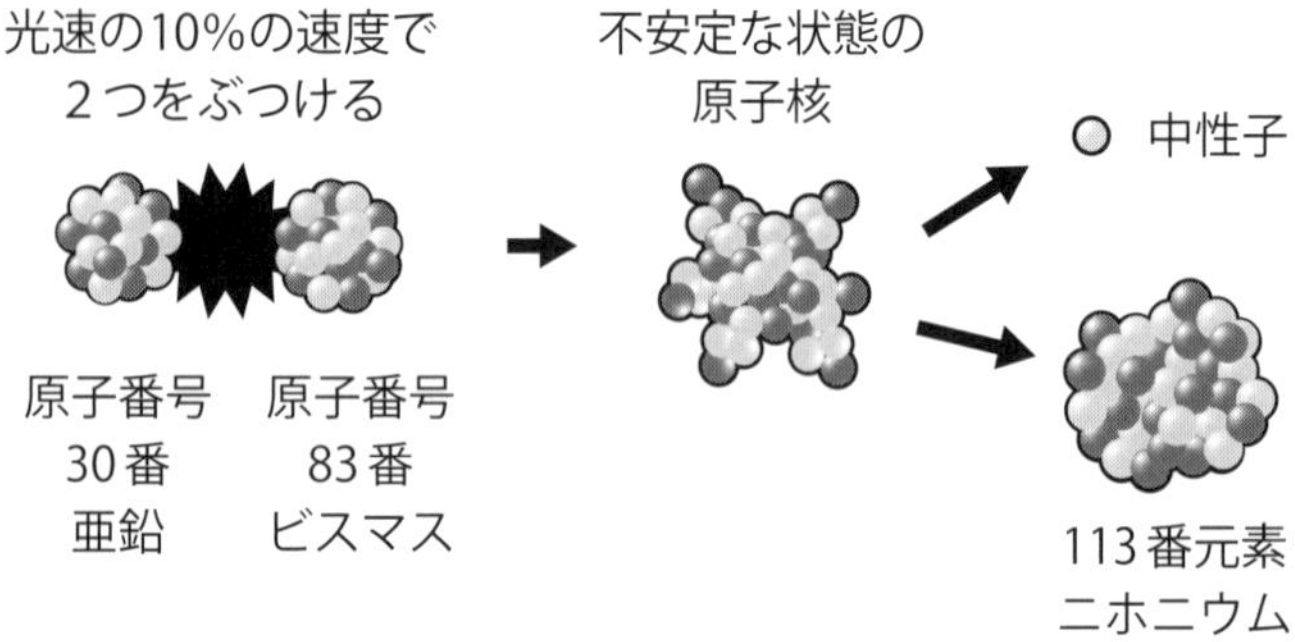

両者が反応すると、113個の陽子を持つ原子核が誕生するのです。

このようにして生まれたのがニホニウムという元素です。

このように、原子核どうしを反応させることで原子の種類（元素）を変えることができるのです。

これは、まさに「現代の錬金術」と言えます。

ただし、このようにして生み出された元素は非常に不安定で、1秒よりずっと短い時間で別の原子に変化してしまうことばかりです。

また、元素を生み出すのには膨大なエネルギー（コスト）がかかります。錬金術を技術的に可能にしたとはいえ、それを実際の生活に役立てられるかといえばそれはまったく別の話です。

いつの日か、手軽に金を生み出してしまうような技術が発見されるのでしょうか？
そんなことが可能になったら人類の生活は激変しそうですが、当分は難しそうです。

5章

熱の正体が分かるまで

火は物質の根源だと考えた古代の偉人たち

地球には多様な生物が生息していますが、その中でも人類は特別に発展してきた存在と言えるでしょう。猿などは進化上近い存在ですが、生活のしかたは人間と決定的に異なります。

人類が猿とは違う進化を歩むことができた大きな要因の1つに、火を使えるようになったことがあります。

火は暖かさを与えてくれ、また闇夜を照らして、夜行性の獣から身を守ってくれます。中国では、50万年も前の遺跡から火を使った痕跡が見つかっています。

ただし、人類は最初から自由に火をおこせたわけではなく、落雷で発生した森林火災から火を持ち帰ったり、火山の噴火で流れ出した溶岩から木に燃え移った火を持ち帰ったりしたようです。それを絶やさぬよう、番をして守り続けたのです。

やがて人類は、自ら火をおこせるようになりました。乾燥した木と木を擦りあわせることで発火することを見つけ、世界各地で火が利用されるようになり、人類の生活は発展していきました。

ところで、火とは何でしょう？

考えてみると、火は不思議なものです。

火は、別のものへ移って増えていきます。そうかと思えば、風が吹いただけで簡単に消えてしまいます。ものは簡単に増えたり減ったりしないはずです。

火では、どうしてこのようなことが起こるのでしょう？

人類は、このようなことについて理解して火を利用していたわけではありません。というよりも、そもそもこの世の物質は何からできているのかが分かってきたのは、比較的最近のことなのです（3章参照）。火を使いはじめた頃には、物質がどのようなものから成り立っているのか分からなかったのです。

そのような中で、古代ギリシャの科学者タレスは「万物は水から生まれ、水に還る」と考えました。

また、同時代のエンペドクレスは「物質は火・水・空気・土という4つの元素からできている」と考えました（75ページ参照）。この考えは、アリストテレスにも支持されました。すなわち、火は物質を構成する根源的な存在の1つだとされたのです。

ベッヒャー「油状の土が燃焼の要素だ」

紀元前において物質の構成要素の1つと考えられた火の捉え方は、その後の長い年月の中でも根本的には変わりませんでした。17〜18世紀の化学者たちも、この考え方を踏襲しながら発展させました。

17世紀の宮廷錬金術師だったドイツのヨハン・ベッヒャー（1635-1682）も、燃焼について研究しました。早くに父を亡くし、幼少期から生地を離れて各地を転々としていたベッヒャーは、公的教育をほとんど受けられませんでしたが独学で化学や医学に励みました。

そして、永久運動機関を提案したことがドイツにおいて最高位の聖職者とされるマインツ大司教に評価され、侍医として呼ばれます。その後も医学教授などを務め、活躍しました。

ベッヒャーは、地下にある物質に着目しました。そして、地下にある物質である**土を3種類に分類**しました。

「液状の土」「油状の土」「石状の土」の3つです。

ベッヒャーはこれらの中で燃える性質を持っているのは「油状の土」だけであるとしました。そして、「油状の土」が燃焼の要素だと考えたのです。

シュタール「燃焼とは物質からフロギストンが抜け出る現象だ」

ベッヒャーの考えを引き継ぎ発展させたのが、ドイツの化学者ゲオルク・エルンスト・シュタール（1659－1734）です。

シュタールは、大学で医学博士号を取得し、ベッヒャーの考えに基づいて化学を教えて

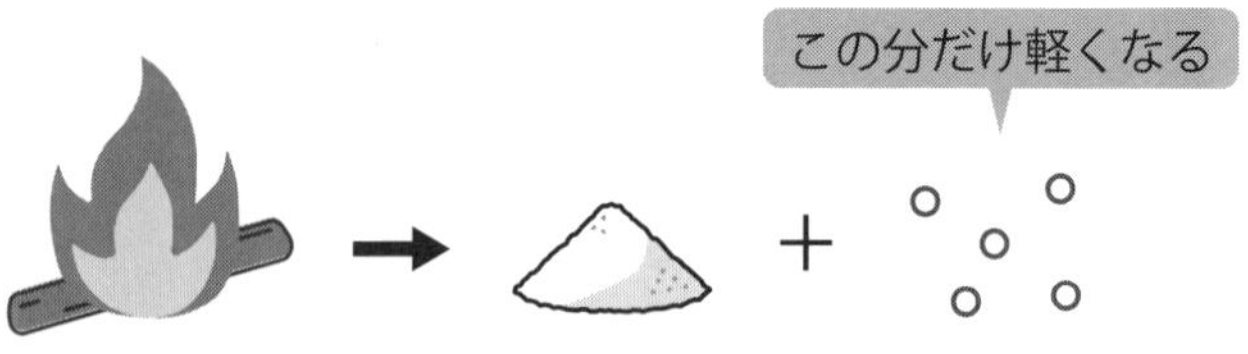

いました。その後に宮廷医師を務め、さらに別の大学へ招かれて医学と化学を教えることになります。聴講していた学生たちは、シュタールの講義内容をまとめ出版します。また、シュタール自身も化学の教科書を執筆します。これらの著書は、18世紀前半の化学の基礎となりました。

シュタールは、燃焼の要素を「**フロギストン**」と名づけました。燃やすことのできるどのような物質にも、フロギストンが含まれていると考えたのです。

そして、燃焼とは「物質からフロギストンが抜け出る現象」だと考えたのです。

例えば、木が燃えたあとに残るのは、もとの木より軽い灰です。これは、木からフロギストンが抜けたために軽くなったのだと理解できたわけです。

どうして木が燃えると軽くなるのか、その疑問に答えを示したシュタールのフロギストン説は支持を集めることになりました。

化学者がフロギストン説を支持した背景には、当時の化学実験のほとんどが単純に物質を燃やして分解するか、蒸留によって物質から成分を抽出することだったことがあります。物質からフロギストンが抜け出すという発想は、抽出の考え方と類似しているのです。シュタールは、どのような物質であっても燃焼の仕組みは同じだと考えました。どのようなものが燃えているときにも、フロギストンが抜け出ているとしたのです。つまり、フロギストンは、ある物質から別の物質へと簡単に移動できるものと考えられました。フロギストンは自然界を循環するものだという説です。

この考え方は、水や炭素が自然界の中で循環しているという現在の自然観に通じるものがあります。

キャベンディッシュ「フロギストンを発見した」

フロギストンは本当に存在するのでしょうか？

18世紀のイギリスの化学者ヘンリー・キャベンディッシュ（1731－1810）は、フロギストン説を支持する発見をしました。

名門貴族の家に生まれたキャベンディッシュは莫大な財産を持ちましたが、金銭には関心がなく専ら化学研究に励みました。また、キャベンディッシュは人間嫌いで有名でした。お金には不自由していなかったにもかかわらず、人目を引くような服装は避け古いタイプの服を着て過ごしました。女性が苦手でもあり、メイドさんと一度階段ですれ違ったことがきっかけで女性専用の階段を作ったりもしたほどです。

人間嫌いだったキャベンディッシュは人前に顔を出すことが稀だったため、肖像画も1枚しか残っていないようです。

さて、キャベンディッシュは金属と希硫酸を反応させる実験を行いました。そして、このときに気体が発生することを発見しました。キャベンディッシュは、この気体がフロギストンだと考えたのです。

発生する気体は水やアルカリに溶けず、空気よりもずっと密度が小さいという特徴がありました。そして、空気中でよく燃えるのです。

これは今日では「水素」として知られている気体なのですが、よく燃えて軽い気体であるため当時はこれが「フロギストン」だと考えられたのです。

キャベンディッシュのこのような研究によって、フロギストン説の信憑性が高まることになりました。


このようにフロギストン説は優勢になっていきます。

ただし、うまく説明できない現象も見つかっていました。たしかに木は燃えると軽くなりますが、金属の場合は逆に燃えると重くなるのです。「燃える物質からフロギストンが抜け出していく」とするフロギストン説では、この理由を説明できないのです。

ラボアジェ「熱の素はカロリックだ」

そして、フランスの化学者アントワーヌ・ラボアジェが「質量保存の法則」を発見したことで（85ページ参照）、フロギストン説は否定されることになります。

ラボアジェは、物質を密閉容器内で燃焼させる実験を行いました。すると、燃焼が起こっても容器と容器内の物質を合わせた全体の質量は変わらないことを発見したのです。これが質量保存の法則です。

これだけなら「燃焼時に抜け出すフロギストンが容器内にとどまるから、全体の質量が変わらない」と考えることもできます。

しかし、ラボアジェは容器に穴を開けて中の物質を燃やすと空気が容器内に流れ込むことも発見したのです。これは、フロギストン説に反する結果です。燃焼によって放出されるフロギストンが容器から流れ出ていくはずだからです。

物質を燃やしている容器内に空気が流れ込むのは、燃焼には空気中の〝何か〟が必要とされるからだと考えられます。その正体はすぐには分かりませんでしたが、ちょうど同じ時期にイギリスで燃焼に関与しているとされる気体が発見されました。

ラボアジェが活躍した18世紀後半には、燃焼という現象への関心が高まっていました。特に、ダイヤモンドが燃えるらしいということが分かって燃焼実験が繰り返されました。ラボアジェも、大きなレンズを用いて太陽光を集め、金属、宝石、ダイヤモンドなどを燃焼させる実験に加わりました。

この頃、当時「脱フロギストン空気」と呼ばれた気体（現在「酸素」と呼ばれている気体）が発見されます。

発見したのはイギリスのジョゼフ・プリーストリーです。プリーストリーは、炭酸水を発明したことでも有名です。

プリーストリーは、レンズで太陽光を集めて酸化水銀を加熱する実験を行いました。このとき気体が発生し、その中ではろうそくが激しく燃えることを見つけます。このことは、酸化水銀から発生する気体はフロギストンを含まず良質であるため、ものがよく燃えるのだと解釈されました。そのため、この気体は「脱フロギストン空気」と名づけられたのです。

ここから、プリーストリーはフロギストン説を信じていたことが分かります。

さて、ラボアジェはプリーストリーが発見した脱フロギストン空気のことを知ります。そして、フラスコ内で水銀を加熱して酸化水銀を作る実験をしたのです。

すると、フラスコ内の空気のおよそ5分の1が失われました。

さらに、この酸化水銀を別の容器に移してさらに高い温度に加熱すると酸化水銀は水銀に戻り、同時に脱フロギストン空気が発生しました。酸化水銀が水銀に戻ったとき、質量が減少しているのも確認できました。

以上の現象を、ラボアジェは「空気中で水銀を加熱すると、水銀が空気中の脱フロギストン空気（酸素）と結合して酸化水銀となる。そして、これを強熱すると水銀と脱フロギストン空気（酸素）に戻るため水銀は軽くなる」のだと解釈したのです。

このように、ラボアジェは「燃焼」とは「**物質が脱フロギストン空気（酸素）と結合すること**である」と考えたのです。

これは現在知られている燃焼の仕組みそのものであり、ラボアジェがその発見者だったのです。

なお、プリーストリーは脱フロギストン空気（酸素）を発見しながらも、燃焼の仕組みについては「フロギストンが抜け出していく現象だ」というフロギストン説に固執し続けました。

さて、プリーストリーが見つけた脱フロギストン空気は、現在「酸素」と呼ばれている気体です。ただし、ラボアジェは若干異なる解釈をしていたようです。

ラボアジェは、脱フロギストン空気は「酸素とカロリック（熱素）が結合したもの」だと考えました。ものが燃えるときには脱フロギストン空気が酸素とカロリックに分離し、酸素が燃えるものに結合するとしたのです。

このとき、カロリックが放出されることになります。この「カロリックが放出される」現象こそが、「熱が発生する」現象だと考えたのです。カロリックが「熱の素」だというわけです。このように、ラボアジェは熱の正体の解明にも取り組んだ人でした。

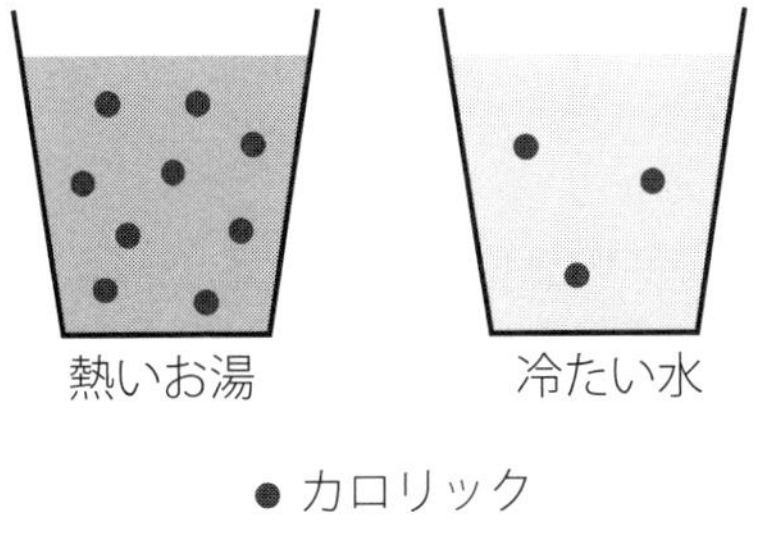

熱の正体は何なのでしょう?

例えば、コップに入れたお湯が徐々に冷めていくときには、水が「熱を失っていく」と言えるでしょう。このとき、具体的に水は何を失っているのでしょうか? 熱いお湯も冷たい水も、同じ水という物質でできているはずです。

いったいどこに違いがあるのでしょう?

このことについて、ラボアジェは熱の正体は「カロリック(熱素)」という目に見えない**粒子**であると考えたのです。

つまり、熱いお湯にはたくさんのカロリックが含まれていますが、冷たい水にはカロリックが少量しか含まれないということです。

カロリックは、重さのない元素とされました。そのため、カロリックが増えたり減ったりしても水の重さは変わらないのです。また、水の温度が上がると膨張するのはカロリックが増えるためだというわけです。

以上のように、ラボアジェは「ものが燃える」現象を解明し、それを「熱の正体」の解明につなげようとしたのです。

果たして、ラボアジェは正しく熱の正体を解明したのでしょうか？

ランフォード
「粒子の動きが熱の正体だ」

ラボアジェの熱素説に疑問を持った人に、ランフォード（ベンジャミン・トンプソン・1753–1814）がいます。18世紀にアメリカで生まれ、イギリスやドイツで活躍した物理学者です。独立戦争の際にイギリス側について、イギリスへ亡命したランフォードは、火薬や火器の研究に取り組むようになります。そして、兵器工場を起こしました。

ランフォードは火薬研究を行っているときに、弾を込めずに発砲すると弾を込めたときよりもずっと砲身が熱くなるのに気づきます。

このことについて、「弾丸があれば火薬のエネルギーは弾丸に与えられるが、弾丸がないために砲身にエネルギーが与えられたのではないか」と考えました。

そして、「エネルギーを受け取った砲身を構成する粒子が激しく運動するようになり、これが熱の正体なのではないか」という考えにつながったのです。

また、大砲の砲身を削る作業工程で大量の熱が発生することに気づきました。そこで、ランフォードは砲身を水槽の中へ入れて作業をしてみたのです。すると、2時間半作業を続けると水が沸騰したのです。これは、2時間半もの間ずっと熱が発生し続けたことを示しています。

ラボアジェの考えによれば、砲身から水へ移動したのはカロリックです。砲身を削ることで、砲身に含まれるカロリックが減っていくということです。

砲身に含まれるカロリックの量は有限なはずですが、2時間半もカロリックの放出が続くのでしょうか？

ランフォードはこのような疑問を持ちました。

砲身から熱が発生し続けたのは、砲身を削り続けたからです。このとき、砲身を構成する粒子に力が与えられることで、粒子の動きが激しくなるでしょう。ランフォードは、これこそが熱の正体だと考えたのです。

つまり、「**熱とは物質を構成する粒子の（無秩序な）動きである**」という説です。

ランフォードがこの説を発表したのは１７９８年のことでした。そして、その翌年にイギリスのデービーは氷と氷を擦りあわせると融けることを示しました。

どちらも冷たい氷ですから、カロリックの移動によって氷の温度が上がったわけではないはずです。擦りあわせることで氷を構成する粒子の動きが激しくなったのだと考えられます。

このように、ランフォードの説が支持されていくことになります。

ただし、当時は物質を構成する粒子についての知見は不十分であり、ランフォードの説はすぐには広がりませんでした。ラボアジェの説がすぐに消えたわけではなかったのです。

なお、87ページで記したようにラボアジェはフランス革命によって命を落としてしまいますが、ラボアジェ未亡人はランフォードと結婚することになるのです。

ジュール「熱とは物質を構成する粒子の動きだ」

イギリス・マンチェスターの裕福な醸造業者の家に生まれたジェームズ・ジュール（1818－1889）は、操業前後の時間に醸造所を利用して実験に取り組みました。大学へは行かず、正式な科学教育もほとんど受けていなかったそうですが、優れた実験技術やひらめきを持っていたとされます。

原子説を提唱したドルトン（89ページ参照）は、ジュールの家庭教師をしていたことがあります。ジュールの優れた功績には、ドルトンの教育も影響していたことでしょう。

ジュールの実験好きを知ることができる逸話が残っています。

ジュールが新婚旅行中に訪れた場所の中に、美しい滝がありました。すると、ジュールは温度計を使って滝の上側と下側の温度を測ったのです。水が落下することで重力のエネルギーが熱のエネルギーに変わることを確かめようとしたのです。
「新婚旅行中にそんなことをするか？」と思われるかもしれませんが、ジュールは実験を我慢できなかったのでしょう。

ジュールは、多くの熱に関係する実験にも取り組みました。

その中でも有名なのは、１８４５〜１８５０年にかけて行われた、羽根車で水をかき混ぜたときにどのくらい水の温度が上昇するかを調べる実験です。

ジュールの実験

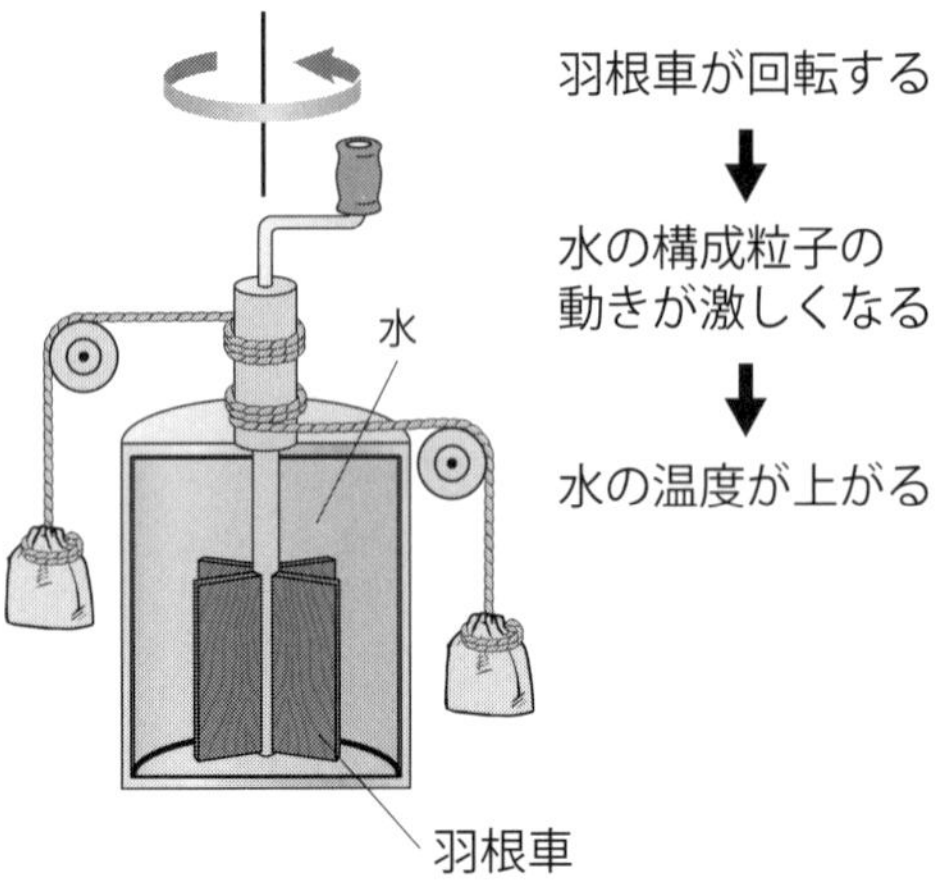
羽根車が回転する
水の構成粒子の
動きが激しくなる
水の温度が上がる
水
羽根車

さて、このとき水はかき混ぜられるだけであり、高温のものと接触するわけではありません。よって、水がカロリックを受け取ることはできないはずです。それなのに、水の温度は上がります。

これは、「**熱とは物質を構成する粒子の（無秩序な）動きである**」と考えれば理解できます。

かき混ぜられることで水を構成する粒子の動きが激しくなるのです。

ジュールは、おもりの落下距離を変えながら水の温度上昇を何度も測定しました。そして、水の温度上昇はおもりの落下距離に比例することを発見したのです。

羽根車が回るのは、おもりが落下するからです。このとき、落下距離が大きいほど羽根車の回転量が多くなります。そして、水がたくさんかき混ぜられます。そのため水の構成粒子の動きがより激しくなるのです。

これが温度が高くなった状態であり、温度は構成粒子の動きの激しさを表していると言えるのです。

ワット「加熱装置と冷却装置を分離すれば蒸気機関の効率が良くなる」

ここまでの話を整理すると、熱とは「物質の構成粒子の無秩序な動き」のことであり、物質の温度が上がるというのは構成粒子の動きが激しくなるということです。

例えば、身近な空気中に最も多く含まれる窒素分子の場合、気温が10℃のときには平均で秒速500メートルほどで動いていますが、気温が30℃になると秒速520メートルほどで動くようになります。

現在ではこのようなことが分かっています。温度の違いは、その物質の構成粒子の無秩序な動きの激しさの違いを表しているのです。

ところで、動いている物体のエネルギーは静止しているときよりも大きくなっています。よって、物体の温度が上がって構成粒子の無秩序な動きが激しくなるとき、物体のエネルギーは上昇することになります。

物体は熱を得て温度が上昇するわけですが、それは「エネルギーを得て温度が上昇する」と言い換えられるわけです。すなわち、熱とエネルギーは同等のものであり、熱とはエネルギーの1つの形態であるとまとめることができるのです。

これが、熱の正体を探求した科学者たちの歴史から得られた結論です。

ものとものを擦りあわせて温度が上がるのは、ものの動きによるエネルギー（運動エネルギー）が熱エネルギーに変わる現象です。そして、これと逆のことが起こるのが、18世紀当時盛んに利用されていた蒸気機関です。

1712年、イギリスの発明家ニューコメンは蒸気の力でピストンを動かす蒸気機関を発明しました。

当時のイギリスでは、家庭用の暖房の燃料として石炭への需要が高まっていました。炭坑での石炭採掘では、湧き水の汲み上げを行わなければなりません。これを18世紀の初めまでは馬力による揚水機で行っていましたが、莫大な労力がかかりました。

そのような中で、ニューコメンは蒸気機関を用いた揚水器を発明したのです。

ただし、ニューコメンによって発明された蒸気機関は効率がよいものではなく、投入する熱に対して得られる動き（仕事）は小さなものでした。

これを改良することに成功したのが、イギリスの技術者ジェームズ・ワット（1736−

ニューコメンの蒸気機関

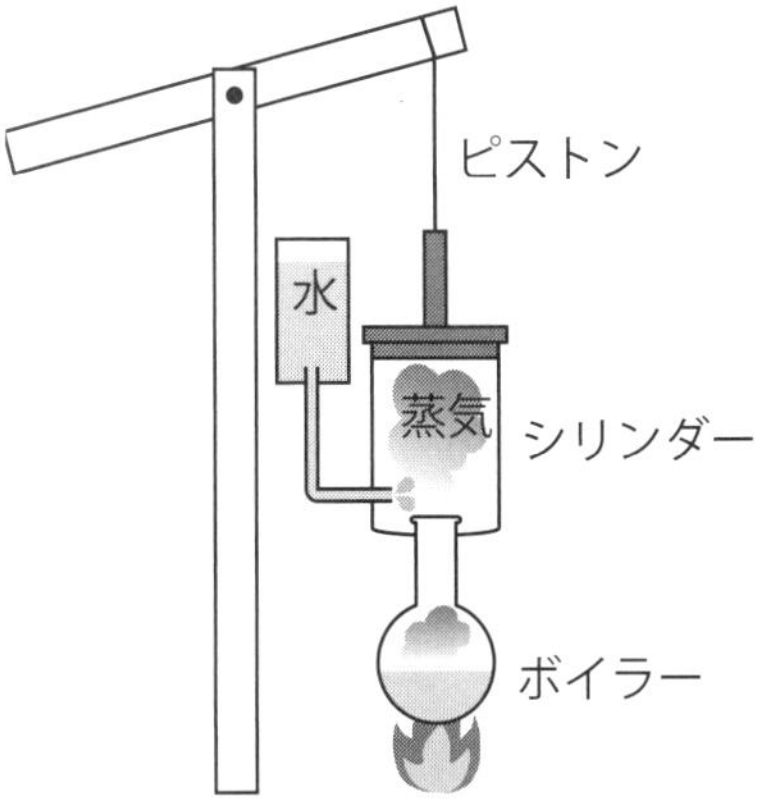

１８１９）です。１７６９年のことです。

ワットは、大工をしていた父のもとで幼少期からものづくりの基本を学び、同時に数学、物理、化学などの学問にも励みました。そして、大学で機械類を修理する仕事に就き、持ち前の技術力を発揮して複雑な機器を次々と直していきました。

ワットは、ニューコメンの蒸気機関の修理をする機会を得ました。

そのとき、効率の悪さに気づいたのです。

ワットの蒸気機関

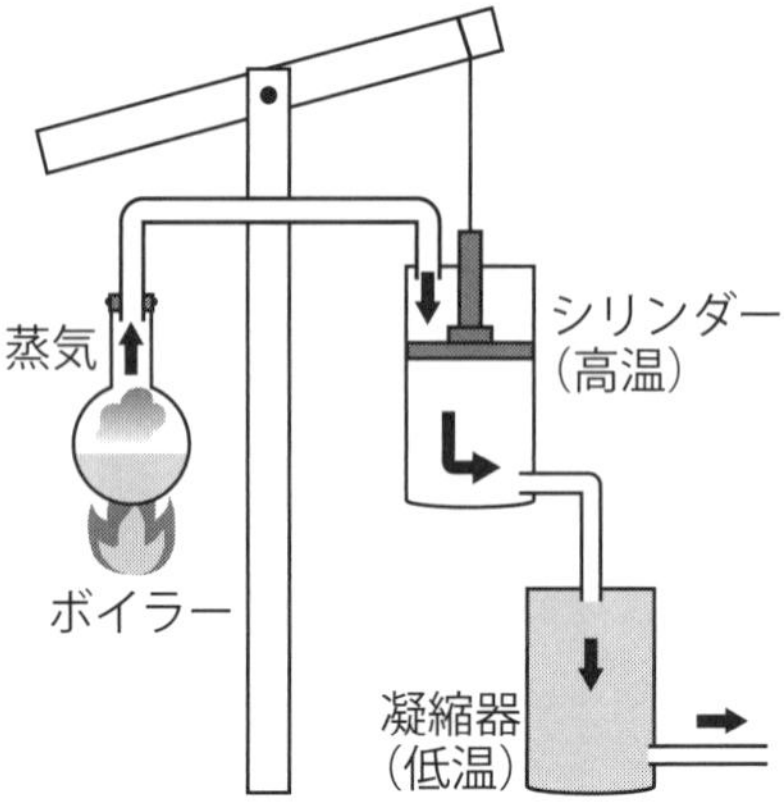

そして、せっかく高温にしたシリンダー内の蒸気を冷却し、再び高温にするというようにシリンダー内の蒸気の温度を激しく変化させることが効率の悪さの原因だと考えました。

そこで、シリンダー内を高温に保ったまま動く仕組みを考えたのです。

シリンダー内の蒸気を冷却するのは、シリンダー内の圧力を下げてピストンを下げるためです。これを、シリンダー内の蒸気を別の場所へ移すという方法で圧力を下げるようにすれば、シリンダー内を冷却せずに済むのです。

これは、加熱装置（送り込む蒸気を加熱する）と冷却装置（送り出された蒸気を冷却する）の分離と言えます。これがワットの改良の肝心な部分であり、これによって蒸気機関の効率を向上させることに成功しました。

ワットの蒸気機関は、炭坑からの排水に利用されるようになりました。そして、ピストンの上下運動を回転運動に変える仕組みが発明され、広く活用されるようになったのです。このような蒸気機関の普及が、人力を機械の力に置き換える産業革命へとつながるのです。

カルノー「効率には上限がある」

さて、当時の国家の産業力は戦争の勝敗にも影響を与えました。

フランス陸軍の技師として従軍して敗戦を味わったニコラ・レオナール・サディ・カルノー

（１７９６−１８３２）も、そのことを実感した一人です。

フランスはイギリスに敗戦しましたが、カルノーはイギリスとフランスの差は蒸気機関を有効に使いこなす力にあると考えたのです。

そこで、カルノーは蒸気機関の効率（熱を仕事に変換できる割合）の研究に取り組みます。そして、蒸気機関の効率には上限があることを発見したのです。

投入した熱をすべて仕事に変えることは原理的に不可能だということです。

カルノーは「カルノーサイクル」という熱サイクル（さまざまな変化を経て、最初の状態に戻ること）を考え、これが最大効率を実現する理想的な熱サイクルだと示しました。

例えば蒸気機関へ１００の熱を投入したとき、蒸気機関は10の仕事しかしないとします。このとき、残りの90のエネルギーは消えてしまったわけではありません。熱の形で放出されるのです。

つまり、蒸気機関を稼働させるときに何もないところからエネルギーが生まれたり、エネルギーが消えてしまったりすることはないのです。

エネルギーの総量は変わらないけれども、蒸気機関の稼働を通してエネルギーの形が熱から仕事へと変わることになります。

このとき、蒸気機関の稼働により必ず排熱が起こるのです。空気中に放出されてしまった熱を再び利用するのは困難です。すなわち、蒸気機関を通して利用しやすい形のエネルギーが利用しにくい（できない）形のエネルギーへと変わるのです。

これが、エネルギー問題の本質です。エネルギーは減っているのではなく、利用できない形へと姿を変えているのです。

熱の効率的使用による快適な生活

長い年月をかけて、人類は熱の正体を突き止めました。そのおかげで、熱を利用できるようになりました。そして、効率よく熱を利用できる装置も研究されてきました。

現在では、車、航空機、船舶などのエンジン、発電所のタービンなど多くのもので熱が利用されています。私たちが快適な生活を送ることができるのは、多くの科学者たちの苦労の積み重ねがあったからだと分かりますね。

6章

光の2面性が分かるまで

光とはいったい何なのか？

私たちは、いろいろなものを見ながら生活しています。それが可能なのは、目に飛び込んでくる光があるからです。光が一切ない真っ暗闇の中では、何も見ることができません。

光は身近なものではありますが、「そもそも光とは何なのか？」と問われたら困ってしまうのではないでしょうか？　私たちは、光を通して見えるもののことは知っていても、光そのものについては無知なのかもしれません。

つかみどころのない光ですが、その正体は何なのか、古くから研究が行われてきました。今回は、その歴史をのぞいてみましょう。

なおこの章では、光が示す性質や、光の性質を明らかにした実験についても詳しく紹介していきます。光の正体を明らかにしようとしてきた歴史について理解するのに欠かせないからです。

アリストテレス「光と闇の混合で色が生まれる」

人々は、古代ギリシャの時代から光に関心を寄せてきました。

光には「多様な色がある」という特徴があります。光の「色」がどのようにして生まれるのか、特にこのことに注目して考察したのが、本書でたびたび登場するアリストテレスです。

アリストテレスは、**光はもともと白色**をしており、そこに闇（黒色）が混ざることで色が生まれると考えました。このとき、白と黒の混合の割合によって、さまざまな色が生まれると言ったのです。

光がもともと白色であると考えたのは、太陽光が白色だからでしょう。そして、その対極である光がない状態は黒色（闇）です。その間に、黄、赤、紫、緑、青といった色があるのだと考えたわけです。

アリストテレスの考えは根拠に乏しいものではありましたが、他の章でも述べている通り、アリストテレスの影響力の大きさからその後の長きにわたって多くの科学者がこの考えを支持しました。

デカルト「虹が見える仕組みが分かった」

中世に入ると、レンズを使った拡大鏡や眼鏡、そして17世紀初めには望遠鏡が発明されました(57ページ参照)。これらは、光の屈折を利用した装置です。

光は、例えば空気など同じ物質の中を進むときには直進します。しかし、異なる物質中へ進んでいくときには、進行方向が変わるのです。

例えば、空気中を進んでいる光が水中へ入るときには、図①のように屈折します。

ちなみに、水中から空気中へ光が進むときには、これを巻き戻ししたように進みます。水中にあるものを覗くと、実際より浅いところにあるように見えるのはこのためです(図②)。

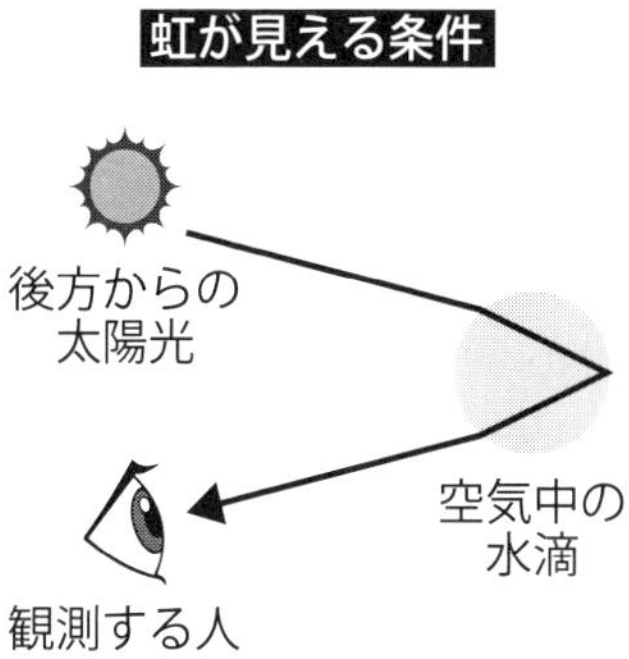

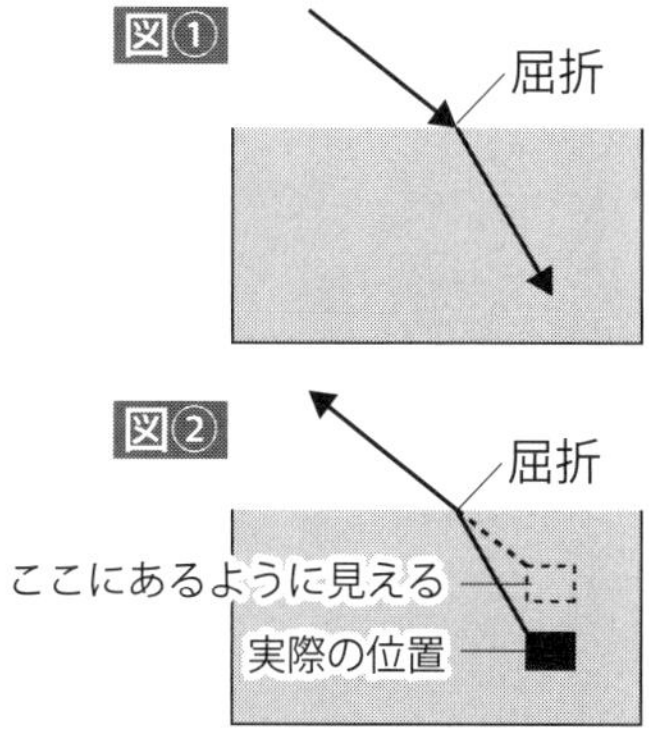

さて、フランスの哲学者であり数学者でもあったルネ・デカルト（1596−1650）は、光がどのように（どのような角度で）**屈折**するかについて研究しました。そして、その成果として虹が見える仕組みを見出したのです。

虹が見えるためには、観測する人の前方の空気中に水滴があることと、後方から太陽光が降り注ぐことが必要です。

このとき、太陽光が水滴の中で上のように屈折と反射をすることで、観測者の方へ戻ってくるのです。このとき、特定の角度で屈折や反射をするため、虹は特定の方向に見えることになるというわけです。

ただし、デカルトは虹に色が生まれる理由については解明できませんでした。

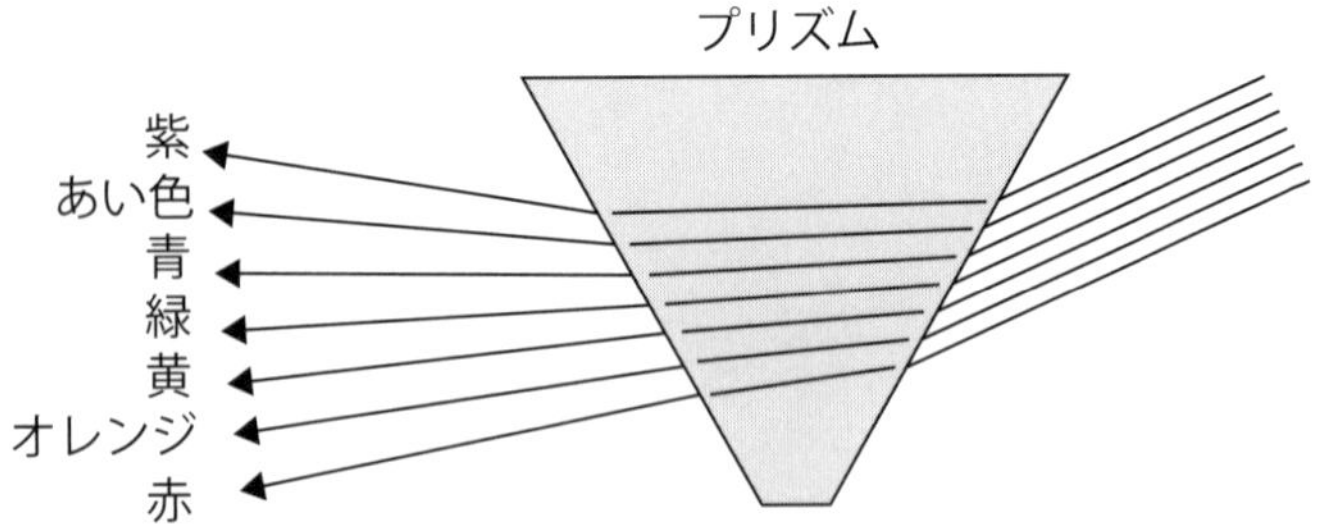

ニュートン「光は粒子の集まりだ」

虹に色が生まれる理由の研究を進めたのは、ニュートンです。

ニュートンは万有引力の法則を発見したことで有名ですが、光に関する研究も行っていたのです。そして、数々の発見をしました。

ニュートンは、プリズムを使って虹を作ることに成功しました。

プリズムとはガラスや水晶などでできた多面体のことで、ここへ白色光が差し込むといろいろな色の光に分かれて虹が生まれることを見つけたのです。

ニュートンのプリズムを使った実験からは、次のことが

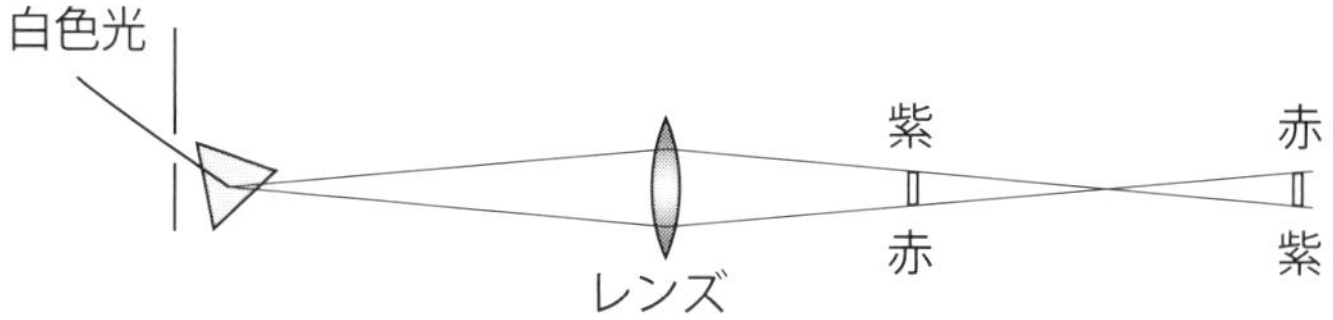

分かります。

まず、太陽光のような**白色光は、さまざまな色の光が合わさったもの**だということです。いろいろな色の光が合わさると、白色に見えるのです。

この考え方は、実験事実をもとにアリストテレスの説を真っ向から否定したものとも言えます。

そして、光が空気からプリズム中に入るときやプリズムから空気中へ進むときには屈折するわけですが、その度合いが光の色によって違うのです。屈折の度合いが違うために、いろいろな色の光に分かれるのです。

ニュートンはまた、レンズを使った上のような実験も行いました。

この実験では、いったんプリズムを使って白色光から色を分散させます。そして、分散した光をレンズを通過させることで再び合わせ、白色光に戻しているのです。さらに、白色光から再度虹が生まれるのです。

この実験も、白色光がさまざまな光の色の集まりであり、光の屈折の度合いが色によって違うことを示しています。

以上のニュートンの発見をもとにすると、虹に色が生まれる理由が分かります。

虹は、デカルトが示したように水滴の中で太陽光が屈折と反射をすることで見えるものです。このとき、太陽光にはいろいろな色の光が混ざっているわけですが、色によって屈折の度合いが少しずつ異なるのです。そのため、観測者の方へ戻ってくるときに色によって少しずつ異なる方向へ進んでくることになるのです。

これが、虹が色づいて見える仕組みです。

虹に色が生まれる理由

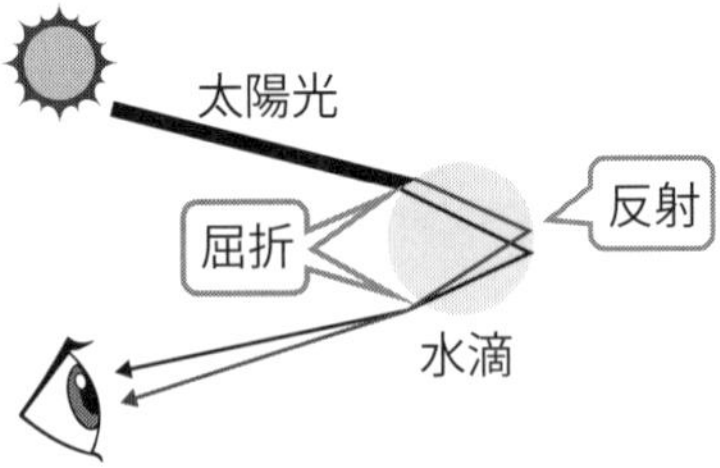

さて、ニュートンが発見した光の屈折の度合いの色による違いの原因は何なのでしょう？

このことについても、ニュートンは説明しました。ニュートンは、「光は粒子の集まりである」と考えることでこれをうまく説明できるとしたのです。

ニュートンの説明は、以下の通りです。

光の色は、粒子の運動強度の違いから生じる。

粒子の運動強度が大きいときには赤色に、小さいときには青色に見える。

よって、白色光はさまざまな運動強度の粒子が合わさった光である。

そして、白色光がプリズム中に進むときやプリズムから空気中へ出るときには、光の粒子は進行方向を変える（屈折する）。このとき、粒子の運動強度の違いによって屈折の度合いに違いが生まれる。

これが、光の色によって屈折の度合いが異なる理由であり、光が分散する仕組みである。


以上がニュートンの考えです。つまり、ニュートンは光の正体は粒子の集まりであると考えたのです。これは光の「**粒子説**」と呼ばれます。

ニュートンの理論は、必ずしも明確な根拠を持ったものではありませんでした。というのは、この後紹介するように光が示す性質は光が粒子であると考えるのではなく、光が「波動」であると考えても説明がつくからです。

それでも、ニュートンの時代には「粒子説」が支持されました。それは、ニュートンの影響力が大きかった証拠とも言えます。

フック「光は波動だ」

しかし、誰しもがニュートンの説を受け入れたわけではありません。ニュートンと同時代（17世紀）に活躍したイギリスの科学者ロバート・フック（1635－1703）は、「光は波動である」とする光の波動説を支持しました。ニュートンに真っ向から対立する考えです。

当時、科学研究によって生計を立てる「科学者」はわずかしかいませんでした。ほとんどの人は、本業の合間に科学に取り組んでいました。

そのような時代にあって、フックはロンドンの王立協会の実験主任や大学の教授を務め、「科学者」として生計を立てていた一人だったのです。

フックの名は、ばねが発揮する力の大きさがばねの伸びまたは縮みの長さに比例するという「フックの法則」として残っています。

またフックは、顕微鏡観察を通してコルクに小部屋が多数あることを発見しました。フックはこれがコルクが軽い理由だと解明し、この小部屋を「cell」と名づけました。「cell」は現在では「細胞」を示す言葉として使われています（コルクの小部屋は細胞自体ではなく、死んだ細胞の残した細胞壁で仕切られた空間です）。

フックは他にも、天体望遠鏡を使って木星の帯の中に移動する小さな斑点があるのを見つけたり、火星の表面の模様の変化を追跡して、火星が地球と同じ約24時間で自転していることを突き止めたりもしています。

諸々の功績を残したフックは、**光は波動である**と考えました。

フックは、光には強い波や弱い波があり、色の違いは波の強さの違いから生じると考えました。白色光はいろいろな強さの光の波の集合であり、波の強さによって屈折の度合いが違うためプリズムによる分散が起こるとしたのです。

フックが光を波と考えたことについても、明確な根拠があったとは言えません。それでも、光を粒子だと考えなくても光が分散する仕組みは説明できることを示したのです。つまり、ニュートンの光の粒子説に必ずしも根拠があるわけではないことを示したと言えるのです。

フックは、ニュートンを批判したと言えます。事実、このことに限らずフックはニュートンに異を唱えることが多くありました。例えば、万有引力の法則については「ニュートンより自分の方が先に発見したのだ」と主張しました。このようなフックのことを、ニュートンはたいへん疎ましく思っていたとされます。

ニュートンはフックが亡くなった後に王立協会の会長となりますが、そのときにフックの論文や肖像画を焼き捨ててしまったとも言われているのです。実際、多くの功績を残したにもかかわらず、フックの肖像画は現在1枚も残っていません。

ホイヘンス「光は波だ」

ニュートンの光の粒子説を否定した科学者は他にもいます。やはり同時代に活躍したオランダの物理学者ホイヘンスもその一人です。

クリスティアーン・ホイヘンス（1629-1695）は、オランダで「国の宝」とされる存在でした。祖父も父も大臣という家柄で、ホイヘンスは大学では法律や数学を学びましたが、その後21歳から36歳までの15年間は自宅で研究に没頭しました。

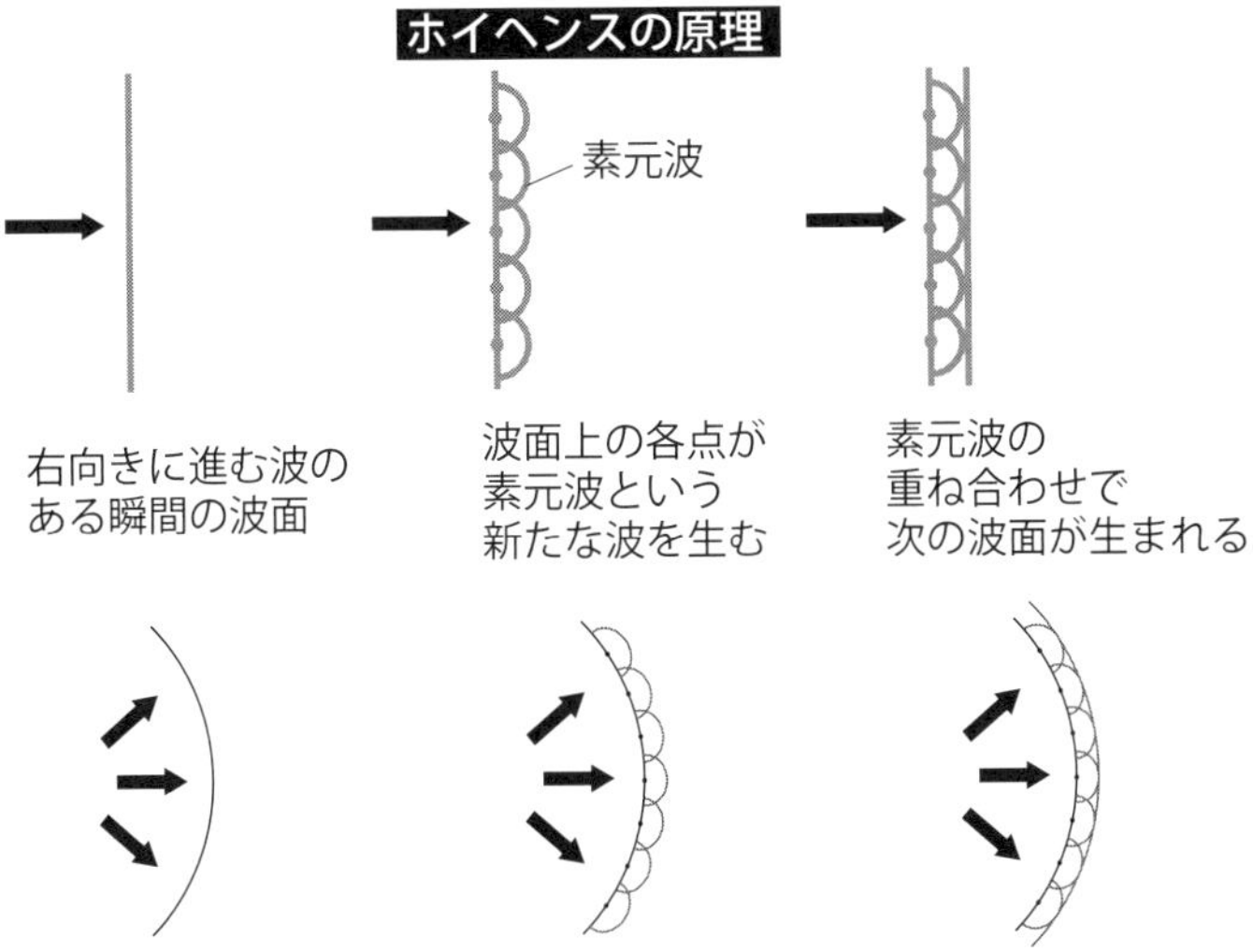
ホイヘンスの原理
素元波
右向きに進む波の
ある瞬間の波面
波面上の各点が
素元波という
新たな波を生む
素元波の
重ね合わせで
次の波面が生まれる

ホイヘンスは、15年間で実に多くの研究成果を残しました。レンズ磨きを学んで望遠鏡を自作しました。

そして、土星の衛星タイタンや土星の環を発見しました。ガリレオやニュートンも望遠鏡を自作していますが、より高性能なものを作ったようです。

また、振り子の周期が振り子の長さだけで決まることをもとにして、振り子時計を発明しました。

このようなホイヘンスが提唱したのが、**「ホイヘンスの原理」**です。

これは、「波がどのように伝わっていくのか」を説明する、ホイヘンスの仮説です。

上図に示したように、あるときの波面（波の先端面）から次の波面が作られるのは、

素元波《そげんは》によってであると考えたのです。

ホイヘンスは、水面を伝わる波、地震の波、ロープを伝わる波などあらゆる波の伝播はホイヘンスの原理に従って起こるのだと考えました。そのように考えることで波が示す諸々の性質をうまく説明できるからです。

そして、光の反射や屈折といった現象の仕組みも、ホイヘンスの原理によって明らかになるのだと、ホイヘンスは考えたのです。ホイヘンスの原理に従って伝わる光は「波」だと考えたのです。

ただし、ホイヘンスによる光の波動説は日の目を見ることはありませんでした。当時の常識は、光の「粒子説」に支配され続けていたのです。やはり、ニュートンの影響力は絶大だったのですね。

ここで、光の「粒子説」「波動説」によって、光が示す性質をどのように解釈できるか、整理しておきましょう。

光の反射
［波動説の場合］

光が波動だと考える場合、ホイヘンスの原理によって反射のしかたをうまく説明できます。

［粒子説の場合］

一方、光が粒子だと考えると、少し苦しくなります。例えばボールが床に衝突するとき、エネルギーの損失がまったくなければ、光と同じように跳ね返ります。ただし、普通はエネルギーの損失が完全に0ということはありません。この条件は成り立ちません。

光を粒子だと考える場合には、光の粒は必ずエネルギー損失が0で衝突するという条件をつけないと、反射のしかたを説明できません。

光の屈折

［波動説の場合］

光を波だと考えた場合には、ホイヘンスの原理によってその仕組みが説明できます。

［粒子説の場合］

光が粒子だと考えると、空気中から水中へ進む光の屈折は「光の粒子が水中へ進むと水分子から強く引っ張られ、より速く進むようになるために起こる」と説明できます。

これについては、実際に水中での光速を測定する実験が行われています。

1850年、フランスのフーコーは空気中と水中のそれぞれで光速を測定しました。そして、光速は空気中より水中で小さくなる（空気中ではおよそ秒速30万キロメートル、水中ではおよそ秒速22・5万キロメートル）と求めたのです。

この測定結果は、光の粒子説を否定するものです。

以上のように、ニュートンが提唱した光の粒子説には徐々に疑問が持たれるようになり、光は波動であるとする説が注目を浴びるようになっていきました。

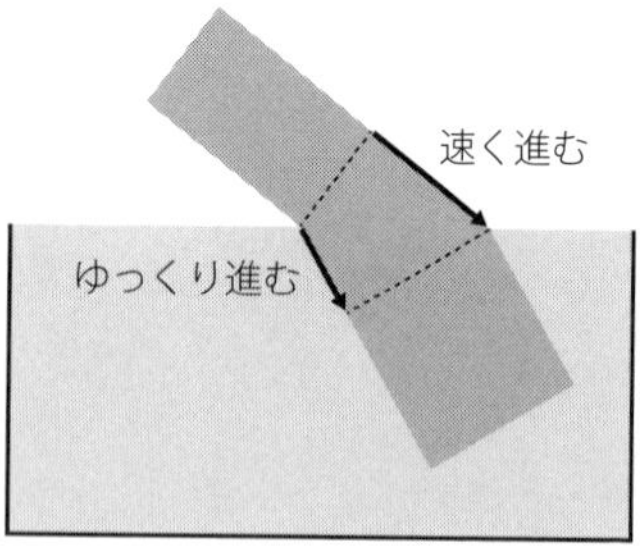

ヤング「光の波動説の決定的証拠を見つけた」

その後、少し時間を隔てて光の波動説に決定的な地位を与える実験が行われました。

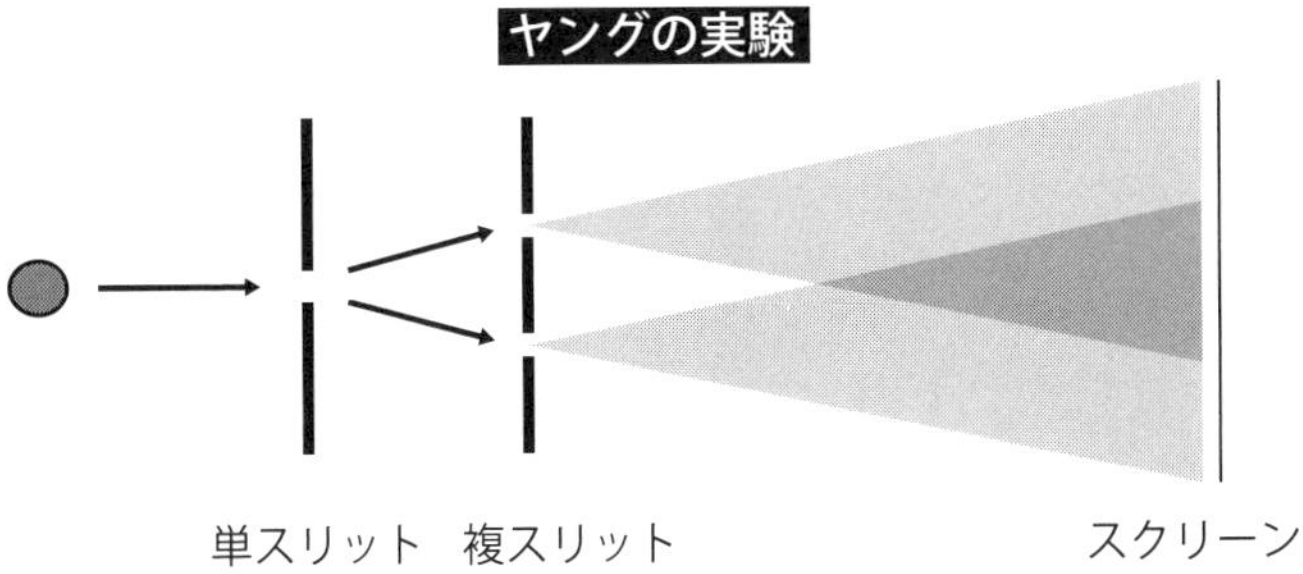

イギリスのトーマス・ヤング（1773−1829）による光の干渉実験です。

2歳の頃から本をすらすらと読みこなしていたと言われるヤングは、多数の言語を習得した秀才でした。そして、ケンブリッジ大学で医学を学び、ロンドンで開業医を始めました。その中で、ヤングは乱視について関心を持ち、光の研究を始めたのです。

その成果の1つが、1801年に行われた「ヤングの実験」と呼ばれるものです。

この実験では、単色の光をまずは1つのスリットを通過させます。スリットというのは、非常に狭い隙間のことです。

続いて、この光は2つのスリットを通過します。ここで、1つめのスリットを通過した光がそれに続く2つのスリットを同時に通過できるのは、1つめのスリットを通過した光が広がって進んでいくためです。

２つのスリットを通過した光も、それぞれ広がっていきます。そのため、スクリーン上で両者が重なることになります。

このとき、スクリーン上に明暗の縞模様が見られました！　上のように、スクリーン上に明るく光る場所と暗くなって光らない場所が交互に現れたのです。

スクリーンに２つの光が同時に照射されることで、より明るくなるというのなら納得できます。実際に明るくなるところもあります。しかし、逆に暗くなるところもあるのです。

これはとても不思議なことです。１つの光だけが当たっているときにはそのようなことは起こらないのに、もう１つの光が重なることで暗くなる場所が生まれるのです。

ヤングの実験の結果を、光が粒子の集まりだと考えて説明することはできません。スクリーンにぶつかる光の粒が増えれば明るくなるはずであり、暗くなる理由がないのです。

しかし、光が波だと考えると説明できるようになります！

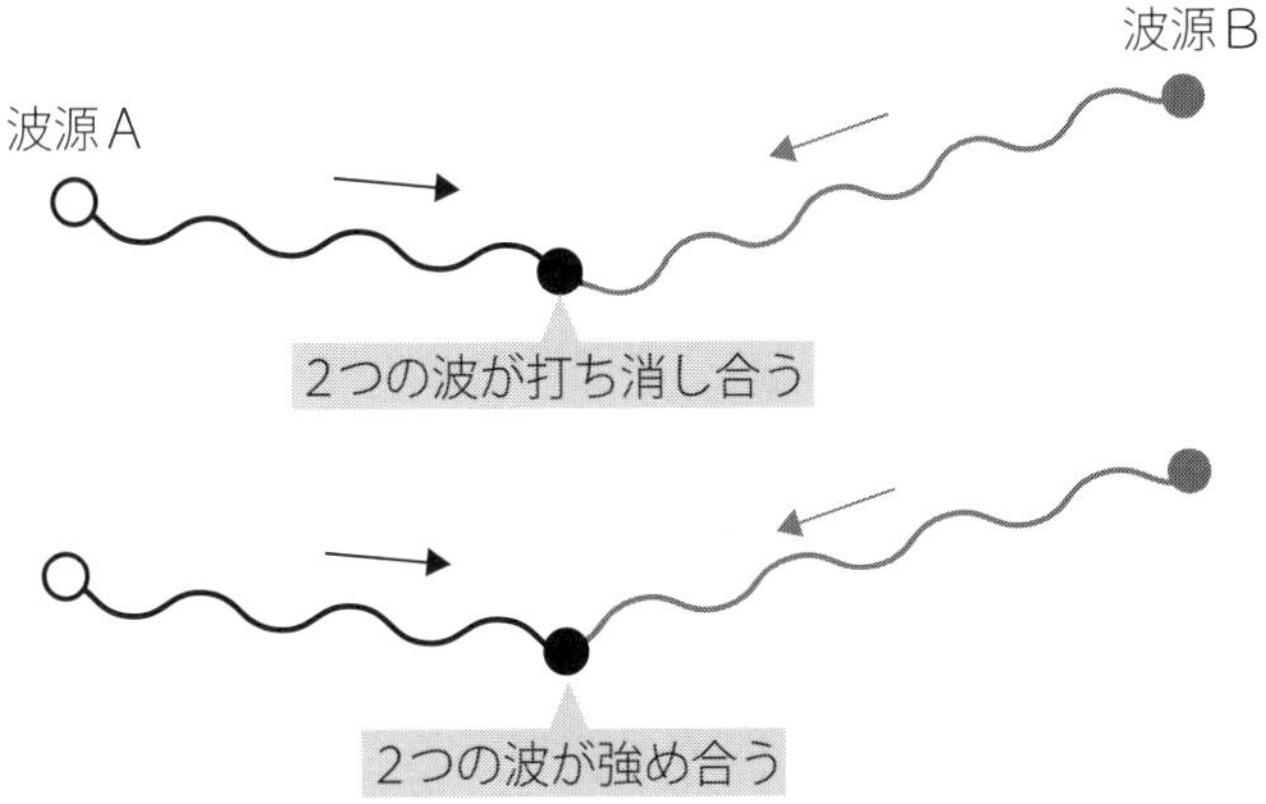

上の図のように、ある点に2つの波が同時にやってくる状況を考えます。

このとき、片方の波の山ともう片方の波の谷が同時にやってくると、山と谷は打ち消しあうのでその点は振動しなくなってしまうのです。

その少し後には山と谷が逆転して伝わってきますが、やはり両者は打ち消しあうため振動しません。この点は、ずっと振動しないままなのです。

このように、山や谷がある波だからこそ、2つの波が重なることで波が消えてしまうという現象が起こるのです。この現象は「**波の干渉**」と呼ばれます。

ヤングの実験の結果は、光が干渉することを示していると言えます。そして、そのことが「光は波動である」という決定的な根拠となったのです。

ところが、なんと光の波動説を唱えたヤングは非難を受けることになってしまいます。

それは、偉大なニュートンの影響が強く残っていた時代だったからでしょう。「ニュートンを否定するとは何事か」ということです。

そんな状況に嫌気がさし、ヤングは光学研究から退いてしまいます。そして、エジプトの象形文字解読の研究に時間をかけるようになったそうです。

ヤングのマルチな才能を感じさせる話ではありますが、なんとももったいない気がして仕方ありません。

なかなか認められなかった光の波動説ですが、ヤングの実験以降も別の実験によって光が干渉することが示されました。そして、人々は光が波であることを認めるようになっていったのです。

ただし、光の波動説には弱点がありました。光は何もない宇宙空間を伝わるという事実です。

波動は、物質の振動が伝わっていく現象です。水面波なら水が、音波なら空気が振動します。振動する物質が隣の物質を振動させながら伝わっていくのが波動です。物質がなければ波は伝わりません。例えば、真空中では音が伝わることはありません。ところが、光は何もない宇宙空間を伝わっていくのです。

やはり、光は波ではないのでしょうか？


結論から言うと、**光は伝えるものを必要としない特別な波**だと言えます。

8章で詳しく説明しますが、イギリスの理論物理学者マクスウェルによって、光の正体は「電磁波」であることが明らかになりました。

これは、電場や磁場という目に見えない空間の振動が伝わっていく現象です。空間そのものが振動するので、物質は必要ないのです。

マイケルソン
モーレー
「光は伝える物質を必要としない」

波である光が宇宙空間を伝わることから、「じつは宇宙空間には光を伝える物質が満ちて

マイケルソン・モーレーの実験

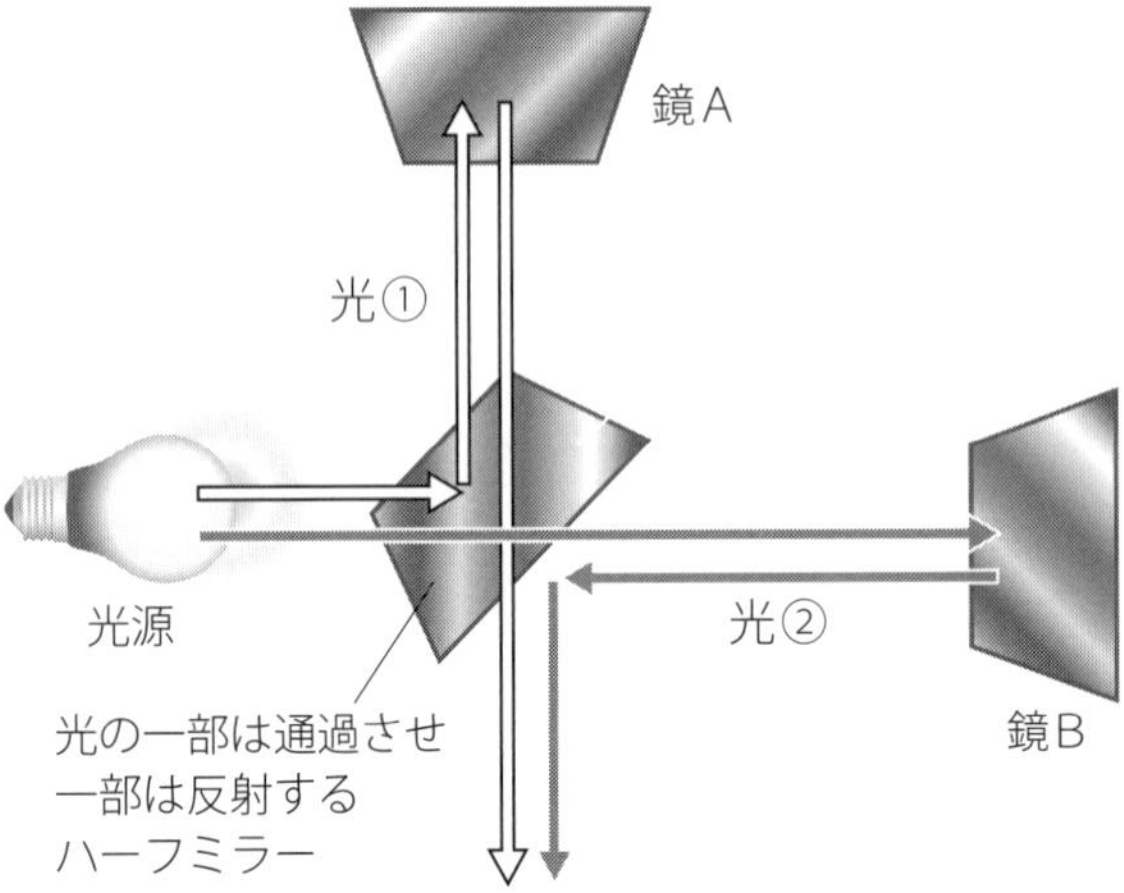

いるのではないか」という考えも生まれました。その物質は「**エーテル**」と名づけられました。

本当にエーテルはあるのか、それを確かめる実験も行われました。アメリカの物理学者アルバート・マイケルソン（1852−1931）とエドワード・モーレー（1838−1923）による実験です。

2人は、上図のような装置を用いて地上において南北方向に進む光と東西方向に進む光の速さを比較しました。

光源をスタートしてからハーフミラーで2つの方向に分かれた光は、それぞれ鏡で反射して戻ってきます。

このとき、それぞれの往復距離と往復時間とから、各方向に進んだ光の速さを

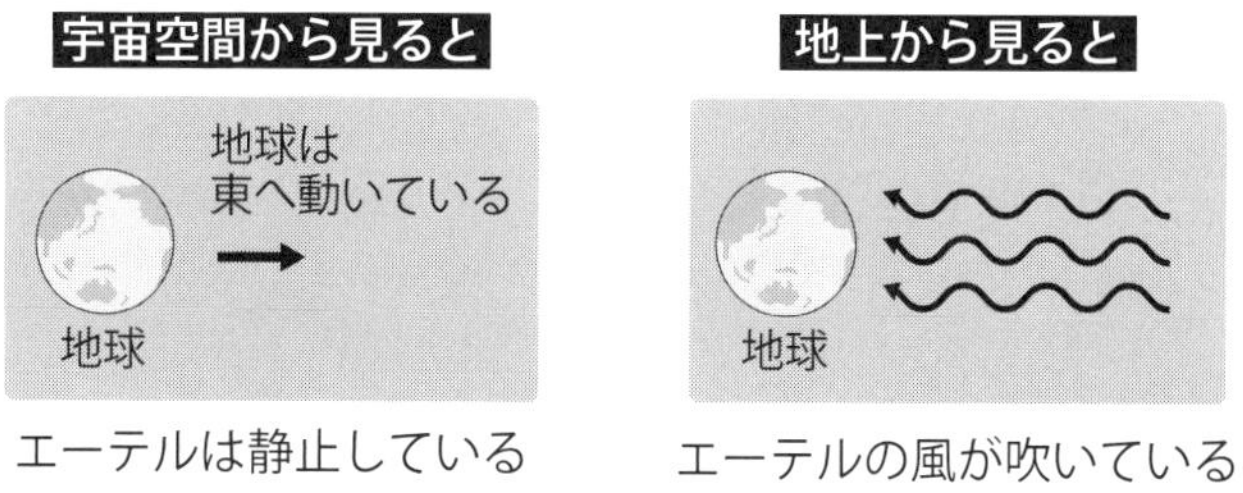

エーテルは静止している

エーテルの風が吹いている

知ることができます。そして、南北方向と東西方向とに分かれた光はどちらも同じ速さで進むことが分かったのです。

この結果は、エーテルの存在を否定します。なぜなら、地球は公転運動をしているからです。

地球は宇宙空間中で東向きに動いています。そのため、宇宙空間にエーテルが満ちているのであれば、エーテルは地球に対して西向きに動いていることになるのです。

このため、東向きに進む光はエーテルの向かい風を受け、西向きに進む光はエーテルの追い風を受けることになります。この影響で光の進む速さが変わるはずです。

しかし、マイケルソンとモーレーの実験ではそのことを検知できませんでした。つまり、エーテルが存在するという仮定が間違いであることが分かったのです。

このようにして、エーテルの存在は否定されました。光は何もない空間でも伝わっていくのです。光は伝える物質を必要としない特別な波なのです。

アインシュタイン「光は粒子だ」

長い歴史を経て、光の正体について「波動説」に軍配が上がったかのように思えます。しかし、それをひっくり返すような実験が行われることになります。

光電効果の発見です。光電効果とは、物質に光を当てるとそこから電子が飛び出す現象です。

飛び出す電子は「**光電子**」と呼ばれます。

1887年、ドイツの物理学者ヘルツは電極の陰極側（電源の負極と接続した側）に紫外線を当てると、電極の間で放電が起こり、電圧が下がることを発見しました。

じつはこれは紫外線を当てた陰極から電子が飛び出したために起こった現象なのですが、

光電効果の特徴

照射する光の振動数 ν ＜ 限界振動数 ν_0　光がどんなに強くても光電効果は起こらない

照射する光の振動数 ν ≧ 限界振動数 ν_0　光が非常に弱くても光電効果が起こる

そのことは翌年にハッキリします。ドイツの物理学者ハルヴァックスが、波長の短い光を金属に当てると、金属から電子が飛び出すことを発見したのです。

光電効果は、このようにして発見されました。

電子が物質から飛び出すのは、光のエネルギーを吸収するためです。

さて、光電効果には変わった特徴があることが分かりました。ここではその一部（上に示すもの）を取り上げます。

どうして光電効果にはこのような特徴があるのでしょう？

このことについて、それまでの物理学では解明できませんでした。というのは、光電効果の発見当時、光は波であることが明らかになっており、そうであるなら振動数ν《ニュー》が小さくても光の量が多ければエネルギーは大きく、電子を飛び出させることが可能だと思えるからです。

光電効果を上手に説明するには、それまでの物理学を超克した

アインシュタインの光量子仮説

- **光は粒子(＝光子)の集まりである**
- **光子1個のエネルギー$E = h\nu$**

(h:プランク定数　ν:光の振動数)

考え方が必要となったのです。そして、それを生み出したのがかのアインシュタインなのです。

アインシュタインというと相対性理論が有名ですが、光に関する研究にも熱心でした。彼のノーベル賞受賞は、じつは光電効果の法則の発見が主な理由だったのです。

アインシュタインは、「**光量子仮説**」と呼ばれる考え方によって光電効果を説明しました。

光量子仮説とは、上のような、「光子は、振動数に比例したエネルギーを持つ粒子の集まりだ」という考え方です。

光量子仮説によると、光電効果の特徴がスッキリと理解できるようになります。

とはいえ以下の説明は少しややこしいので、読み飛ばしていただいても構いません。

物質に光が照射されると、物質内の電子が光のエネルギー$h\nu$を受け

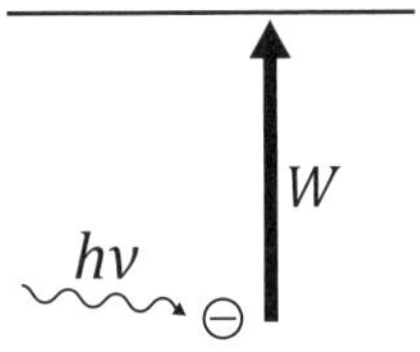

光電効果が起こる条件

電子が受け取るエネルギー $h\nu$ が

$h\nu < W$ → 光電効果は起こらない
$h\nu \geqq W$ → 光電効果が起こる

$$\nu < \frac{W}{h} \rightarrow$$ **光電効果は起こらない**

$$\nu \geqq \frac{W}{h} \rightarrow$$ **光電効果が起こる**

取ります。

このとき、1個の電子は1個の光子からエネルギー $h\nu$ を受け取るのであり、2個以上の光子から同時にエネルギーを受け取ることはないものと考えます。

エネルギーを受け取った電子は物質から飛び出そうとするのですが、物質ごとに電子がそこから飛び出すのに必要なエネルギーの大きさが決まっています。

この値を「仕事関数 W」といいます。すると、上記のようになるのです。

光電効果が起こるかどうかは、照射する光の振動数 ν によって決まるのであり、光の強さ（粒子の数）には関係ないことが分かります。

このように、光を粒子だと考えると、光電効果の特徴をうまく説明できるのです。

では、やはり光は粒子なのでしょうか？

しかし、光が干渉するという事実はやはり光が波であると考えなければ説明がつきません。

現在では、「光は粒子でもあり波動でもある」と考えられています。これを「光の二重性」と言います。「粒子なら波ではないし、波なら粒子ではない」と思えてしまいますが、光はなんとも不思議なもので両方の性質を持っているのです。光のある性質を説明するには粒子性を、別の性質を説明するには波動性を持つと考える必要があるのです。

二重性は光だけの特権ではない

そして、なんと二重性は光だけの特権ではないことも明らかになりました！

私たちの身体は原子という目に見えない小さな粒が集まってできています（3章参照）。原子は「粒」です。しかし、同時に「波」の性質も持っていることが明らかになったのです。物質が波のように振舞うことから、この存在は「**物質波**」と呼ばれます。

この世は原子の集まりですが、それぞれの原子が粒でもあり波でもある、つまり世界は粒でもあり波でもあるものでできているということなのです。なんとも理解しがたいですが、これが物理学が明らかにした世界像なのです。

光の正体を探究してきた物理学の歴史が、このような世界観まで人類を導いてきたのです。

それにしても、現代物理が何百年も昔からあった「光は波動である」「光は粒子である」という対立した2つの考えがどちらも正しいことを明らかにしたというのは面白いですね。

7章

放射線を利用できるようになるまで

放射線の存在が分かったのは最近になってから

放射線は、常に自然の中に存在します。しかし、私たちの目に見えるものではありません。そのため、人類がその存在に気づいたのは比較的最近になってからのことなのです。私たちは、どのようにして放射線の存在を知り、その性質への理解を深めてきたのでしょう。この章では、放射線研究の歴史を紐解いてみたいと思います。

そして、私たちが現在放射線をどのように活用しているのかについても紹介します。

レントゲン「未知の光線を発見した」

放射線研究の嚆矢《こうし》は、19世紀後半に活躍したドイツの実験物理学者ヴィルヘルム・レン

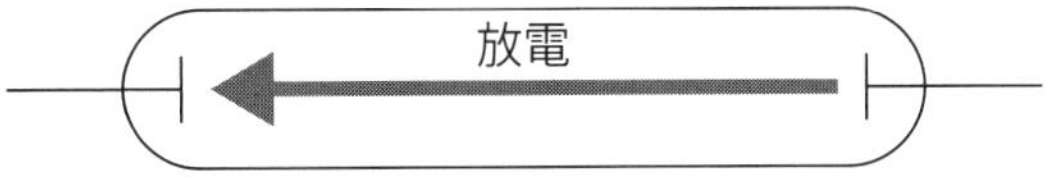

トゲン（１８４５－１９２３）によるものです。

レントゲンは、ドイツのヴュルツブルク大学の総長を務めていました。当時、真空放電が発見され多くの科学者がその研究に取り組んでいました。レントゲンも、大学総長という任務を担いながら真空放電の研究に取り組みました。

真空放電とは、気圧を非常に低くしたガラス管の中で高電圧をかけて放電を行うことです。高電圧をかけることで、ガラス管内の気体が特有の色を発します。気圧をものすごく低くすると、気体による発光は見られなくなり、代わりにガラス管が蛍光を発するようになります。真空放電では、このような現象が見られます。

そして、このような実験をレントゲンも行っていたのです。

１８９５年11月8日、レントゲンは真空放電の装置のスイッチを切り忘れたまま、夕食をとるため部屋の電気を消しました。すると、ガラス管から２メートルも離れたところに置いてあった蛍光板が青く光って見えたのです。

このとき、ガラス管は黒い紙で覆ってありました。そのため、真空放電に

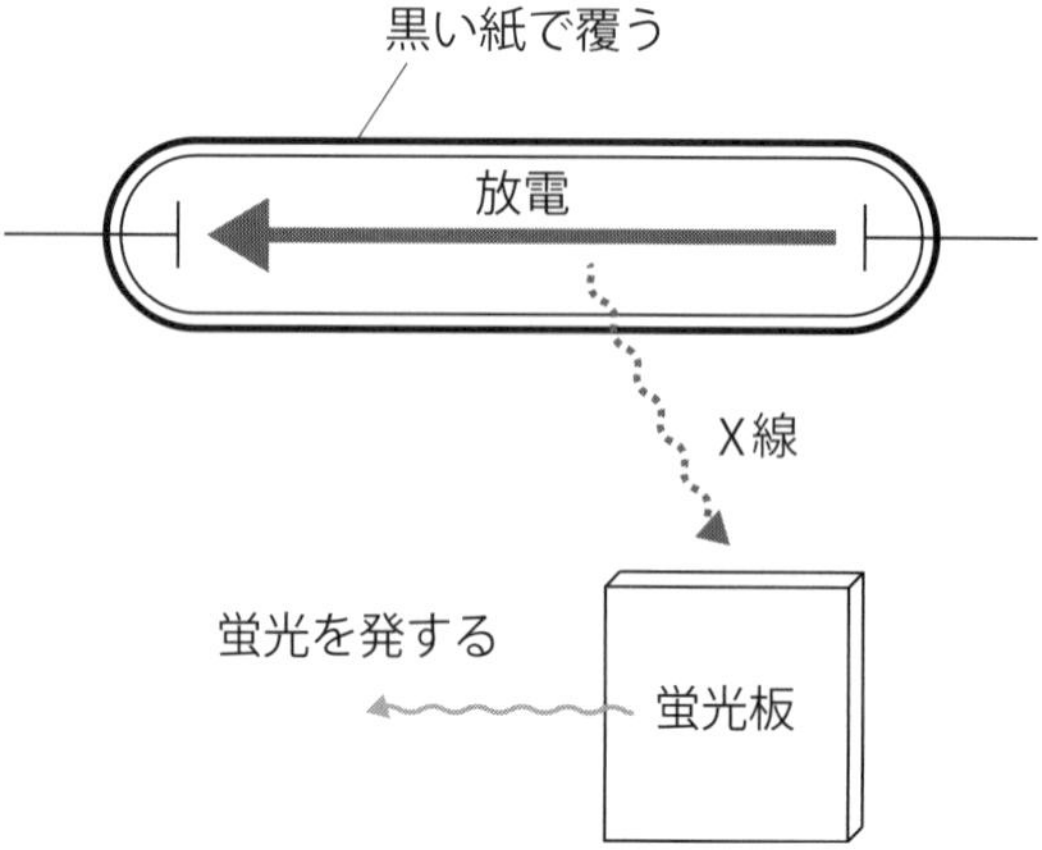

よって発生する光は蛍光板まで届かないはずです。

また、真空放電の光のもととなる陰極線（その正体は電子であることが現在では分かっています）というものが蛍光板を光らせたことも考えられません。陰極線は、空気中を数センチメートルしか進めないからです。蛍光板は、陰極線が発生するガラス管から2メートルも離れていたのです。

以上のことから、蛍光板を発光させているのは未知の光線であることが分かりました。真空放電によって未知の光線が発生するのです。

レントゲンが発見したのは、このようなことです。

レントゲンは、この光線が「未知のもの」であることから「**X線**」と名づけました。数学で扱う方程式で未知の値を「X」と表すことになぞらえたものです。

さて、レントゲンの偶然の発見から、X線には紙を通過する性質があることが分かりました。では、X線はなんでも通過するのでしょうか？

レントゲンはこのことについても実験を通して研究し、X線は多くの物質を通過するけれども鉛など通過できないものもあることを発見しました。

X線が通過できないものには、人の骨もあります。このことを、レントゲンは自分の手を真空放電を行うガラス管と蛍光板の間に入れ、蛍光板に手の骨が映ることから確認しました。また、妻の手を写真乾板の上に置いて15分間X線を照射し、骨と結婚指輪だけが写った写真を撮ることにも成功しました。

このような身体を張った実験には、被曝（放射線を浴びること）が伴います。レントゲンは、被曝の影響を受けたことでしょう。自らの身体を犠牲にしながらも、X線の正体を明らかにしたのだと分かります。

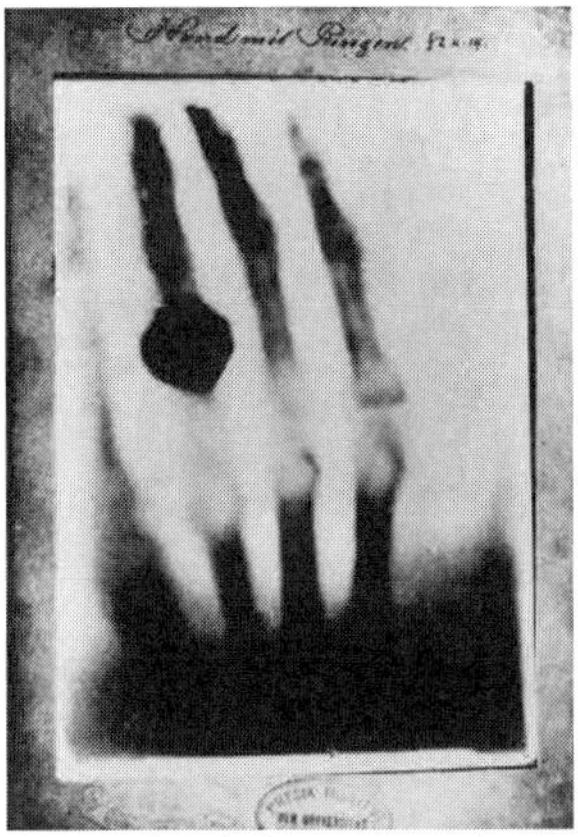
レントゲン夫人ベルタの手のX線写真

レントゲンは、X線は蛍光板を発光させても熱の発生を伴わないなど、X線の性質を詳しく解明しました。そして、X線発見の功績により1901年に第1回ノーベル物理学賞を受賞しました。その際の賞金については、全額を大学へ寄付しました。

また、多くの人にX線利用に関する特許取得を勧められましたが、すべて断りました。「X線は人類が広く利用すべきもの」という考えからです。第一次世界大戦でX線が兵士の診断治療に大いに活用されたのは、レントゲンのおかげです。

多大な功績を残したレントゲンですが、自身は大戦による超インフレの中で困窮のうちに生涯を終えたそうです。

ベクレル
「自然の中に放射線を出すものがある」

レントゲンは真空放電を起こすことで放射線（X線）が発生することを発見しました。レントゲンは、放射線を人工的に発生させられることを見つけたわけです。

これに続いて、自然界の中に放射線を発生する物質があることが発見されます。発見したのは、フランスのベクレルです。

パリ工科大学の物理学教授だったアンリ・ベクレル（1852−1908）は、レントゲンのX線の発見を知り、自分が研究している蛍光物質もX線を出すのではないかと考えていました。そして、写真乾板を使った感光実験を繰り返しました。蛍光物質からX線が放出されれば、写真乾板が感光するはずです。

晴天の日には、日光の刺激によって蛍光物質から蛍光が発せられます。X線が放出されるのも、このときだと考えられました。そのため、曇天の日が続いたときには実験できないと考え、ベクレルは写真乾板が感光しないよう黒い紙で包んで机の引き出しへしまっておいたのです。

それなのに、数日後に写真乾板を取り出してみると感光していたのです！

なぜこのようなことが起こったのかを考えていたベクレルは、同じ引き出しの中にウラン塩（ウランの化合物）に入れてあったことに気づきました。

そして、ウランが黒い紙を通過して写真乾板を感光させるような何かを放出しているのだ、とベクレルは考えたのです。

ウランから放出されているのは、X線と似た性質を持つ光線ということになります。ただし、正体は分かりませんでした。

そこで「**ベクレル線**」と呼ばれるようになりました。

ベクレルによるこの発見は1896年のことで、ウランに放射能（放射線を発する能力）があることを見つけたことになります。この功績によって、ベクレルは1903年にノーベル物理学賞を受賞しています。

また、その名は放射性物質の放射能の強さを表す単位「ベクレル」として現在も用いられています。

キュリー夫妻「強い放射線を出す物質を発見した」

ベクレルの発見に関心を持ったのが、パリにいたキュリー夫妻です。

特に夫人のマリー・キュリー（１８６７－１９３４）は、女性初のノーベル賞受賞者であり、物理学賞と化学賞の両方を受賞したことでも有名です。

ポーランドに生まれたマリー・キュリーは高校を最優秀の成績で卒業し、その後家庭教師をして資金を蓄え、フランスのパリへ留学しました。「マリー」は、フランスへ移り住む際に名乗った名前でした。そして、パリ大学で出会った物理学者ピエール・キュリー（１８５９－１９０６）と結婚したのです。

マリーもピエールも裕福ではなく、お金があれば物理の研究に使っていました。結婚式も簡素に済ませ、結婚祝いにもらった自転車に乗って新婚旅行に出かけたという話が残っているほどです。

そんな２人が興味を持ったのが、ベクレルが発見した「ベクレル線」です。

ベクレル線はウランから出ている不思議な光線ですが、２人はウラン以外にも不思議な光線を出すものがあるのではと考えました。そして、あらゆる物質を調べていったのです。

２人にパリ大学から研究場所として与えられたのはボロボロの物置小屋であり、予算も限られていました。そのような中での研究でしたが、２人はピッチブレンドという鉱石が強いベクレル線を出していることを見つけたのです。ピッチブレンドにはウランが含まれていますが、その量から予想されるよりもずっと強いベクレル線が出ていました。
そこで、ピッチブレンドに含まれる物質を分離し、何が強いベクレル線を出しているか調べました。そして、ウランよりも強いベクレル線を出している物質を取り出すことに成功したのです。

最初に発見されたのは、**ポロニウム**という物質です。このポロニウムという名前自体、マリー・キュリーの祖国ポーランドにちなんで命名されたものです。

続いて、**ラジウム**という物質も発見されました。こちらはラテン語で「放射」を意味します。これらに強い放射能があることが、1898年に発見されました。

キュリー夫妻のこれらの功績に対し、1903年にノーベル物理学賞が与えられました。

その後、1906年に夫のピエールは馬車に轢かれて死亡してしまいます。それでも、夫人のマリーは悲しみを乗り越えて研究を続け、1911年には金属ラジウム精製の功績でノーベル化学賞を受賞しました。数少ない、二度のノーベル賞受賞者となったのです。

なお、放射性物質の研究過程でキュリー夫妻は相当な被曝をしたと言われています。例えば、オーストリア政府は夫妻に対して研究のために大量の鉱石を提供しましたが、それはまさに放射性物質だらけでした。

ピエールが馬車に轢かれて亡くなったのは、被曝によって運動神経が鈍っていたせいではとも言われていますし、マリーが再生不良性貧血で66歳で亡くなったのは、ほぼ確実に被曝の影響だと言われています。

夫妻の、まさに命がけの取り組みのおかげで、放射性物質の研究が大きく進展したのです。

ラザフォード「原子の中には原子核が存在する」

ベクレルやキュリー夫妻によって、自然界の中に放射線を放出するものがあることが分かりました。放射線は、身近なところに溢れているものだと分かったのです。

ただし、放射線は目に見えるものではありません。そのため、正体は不明でした。その解明に大きく貢献したのが、3章でも登場した、物理学者ラザフォードです。

ケンブリッジ大学で、ラザフォードは大活躍します。放射線について研究を進め、ウランから発生する放射線が磁石によって2つの方向に分かれて曲がっていくことを発見した

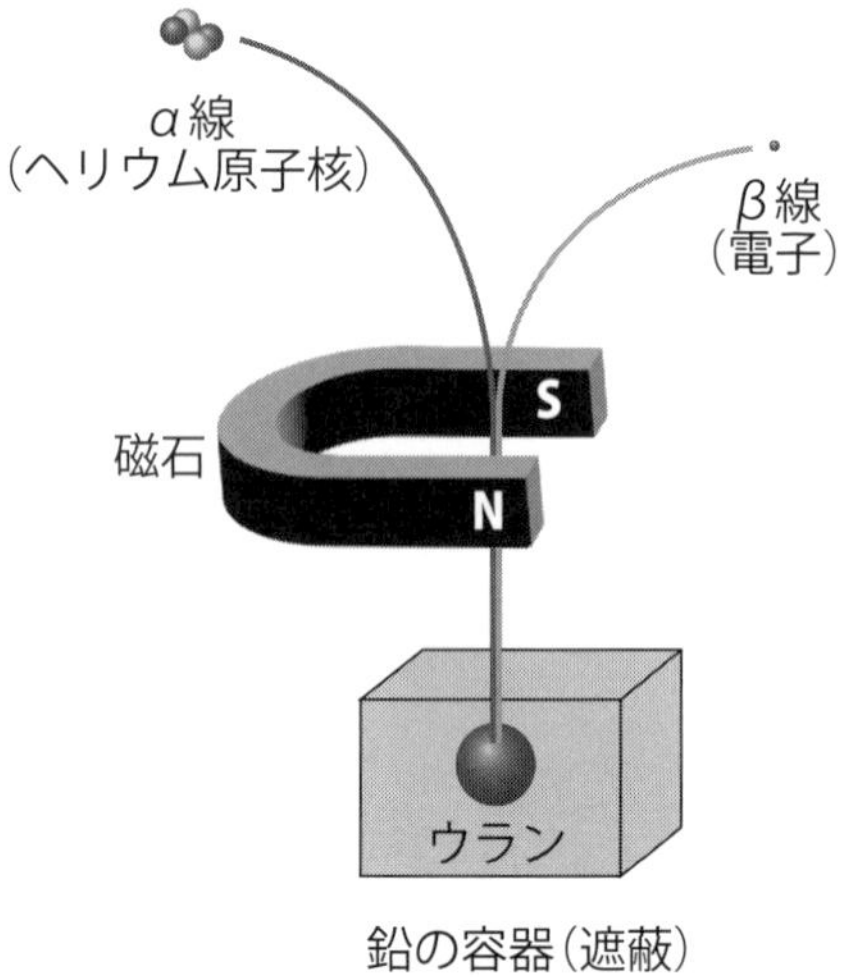

のです。

これは、ウランから発生する放射線の中に2種類のものが混ざっていることを示します。ラザフォードは、この2つの放射線を「α《アルファ》線」「β《ベータ》線」と名づけました。1898年のことです。

さらに、1900年にはフランスのヴィラールによって磁石によって曲がることのない放射線も発見されました。これを「γ《ガンマ》線」と名づけたのもラザフォードです。ラザフォードらの研究により、放射線にはいくつもの種類があることが分かりました。

なお、α線とβ線が磁石によって逆方向に曲がるのは、α線がプラスの電気、β線がマイナスの電気を持つためであることも、その後に分かりました。γ線が磁石によって曲がらないのは、γ線は電気を持たない電磁波であるからです。

ラザフォードはその後マンチェスター大学に移り、助手のハンス・ガイガーとα線の正体が「ヘリウム**原子核**」であることも突き止めました。

原子核についてはこの後説明しますが、原子（3章参照）の中心に存在するものです。原子核はプラスの電気を持ち、その周りにマイナスの電気を持つ電子が存在することで、原子全体としては電気的に中性となっています。

ラザフォードとガイガーはさらに、物質から放出されるα線の数を数える方法も発明しました。その仕組みは、現在も放射線測定に利用されるガイガー・カウンター（ガイガーとミュラーが発明）につながっています。

ラザフォードは、1911年にはガイガーやマースデンといった共同研究者と、原子核を発見することになります。α線が進行中に散乱される現象に興味を持ち、α線の進路に金箔を置いてどれほど散乱されるか調べました。

用いた金箔の厚さは1万分の4ミリメートルしかなく、ほとんどのα線は金箔を通過しました。しかし、20000個に1個という割合で大きく進路を曲げられるα線があったのです。これを見つけた驚きを、ラザフォードは「あなた方が15インチの砲弾を1枚の紙切れに向かって発射したら、それが跳ね返ってあなた方に当たるくらい、私にとっては信じ

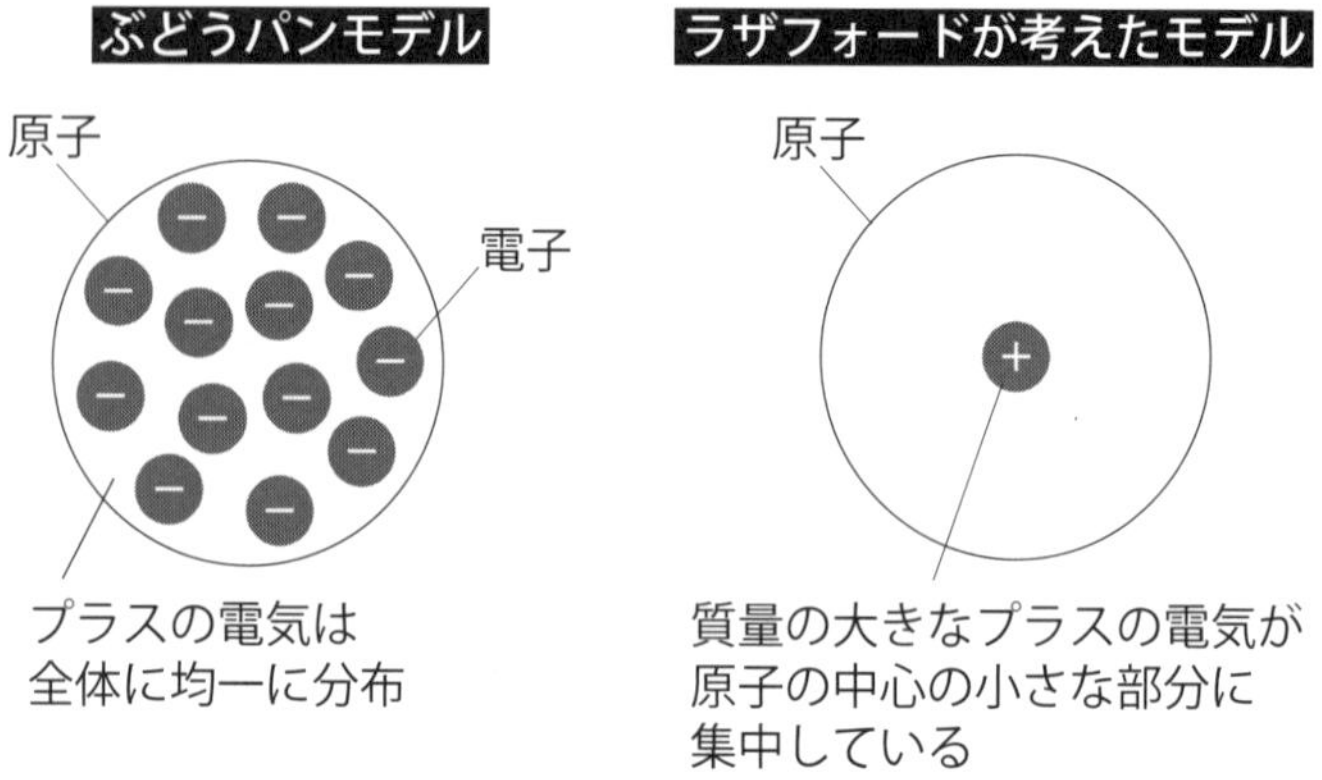
ぶどうパンモデル
原子
電子
プラスの電気は
全体に均一に分布
ラザフォードが考えたモデル
原子
質量の大きなプラスの電気が
原子の中心の小さな部分に
集中している

がたい出来事であった」と述べたと言います。

このような現象が起こる理由を、ラザフォードは右上のように考えました。

このときまで、原子の中がどのような構造になっているのか、明確ではありませんでした。

例えば、ラザフォードの師であったJ・J・トムソンは「ぶどうパンモデル」と呼ばれる左上のような構造を考えていました。

ラザフォードらの実験結果は、このような原子モデルを否定することになったのです。

ラザフォードは、共同研究を通して優れた成果を挙げた物理学者です。

若い研究者たちに対しても研究予算や実験機器を確保できるように努めた人柄が慕われ、ボーア、チャドウィック、モーズリー、メンデレーエフなど多くの優れた科学者が集まりました。彼らを育てたラザフォードは「**原子物理学の父**」と呼ばれます。

イレーヌ
チャドウィック
「電荷を持たない粒子がある」

放射線にはα線、β線、γ線といった種類があることが分かりました。そして、それらに遅れて「**中性子線**」という放射線もあることが見つかります。

中性子は電気を持たない粒子です。

中性子線の発見に大きく貢献したのは、キュリー夫妻の長女であるイレーヌです。イレーヌ・ジョリオ＝キュリー（１８９７－１９５６）は、ベリリウムという金属にα線を衝突させると、正体不明の放射線が発生することを夫とともに発見しました。そして、この放射線の物質を透過する力がものすごく大きいことも突き止めました。

すでに発見されていたγ線も大きな透過力を持っていますが、正体不明の放射線の透過力はγ線に勝るものでした。

イレーヌらが発見した未知の放射線は、「ベリリウム線」と名づけられました。そして、その正体を突き止めたのはラザフォードのもとに集まった科学者の一人、チャドウィックです。

ジェームズ・チャドウィック（1891-1974）は、ベリリウム線を水素の原子核に照射すると**陽子**（プラスの電気を持つ粒子）が放出されることを観測し、放出される陽子のエネルギーを測定しました。

同様に、ベリリウム線を窒素の原子核に照射すると窒素原子核が放出されることも観測し、そのエネルギーも測定しました。

ベリリウム線の正体の候補として、「電磁波」と「電荷を持たない粒子」が考えられました。そして、それぞれの仮定のもとで放出される陽子や窒素原子核のエネルギーを計算によって求めました。

その結果、ベリリウム線を「電磁波」だと仮定した場合には測定値と異なるエネルギー値が、「電荷を持たない粒子」だと仮定した場合にはほぼ測定値と等しいエネルギー値が得られたのです。

このことから、チャドウィックはベリリウム線の正体が「電荷を持たない粒子」であることを突き止め、これを「中性子」と名づけたのです。1932年のことです。

ハーン
マイトナー
「核は分裂する」

チャドウィックが発見した中性子は、現在世界中で多くの電気を生み出している原子力発電に深く関わっています。

核分裂は、原子の中心にある原子核が分裂する現象です。核分裂は、原子核への中性子の衝突がきっかけとなって起こることが大半です。核分裂が起こると大きなエネルギーが発生し、これが発電に利用されているのです。

原子力発電においては、核分裂の連鎖反応が起こるよう中性子を制御することが重要となります。

ドイツの化学者オットー・ハーン（1879－1968）は、ベルリン大学でウランに中性子を衝突させる実験に取り組んでいました。

ここでハーンと30年以上もの長い間共同研究を行ったのは、オーストリア出身の女性物理学者リーゼ・マイトナー（1878－1968）です。

ウィーン大学で学んだマイトナーは、ベルリン大学へと渡ります。しかし、当時のプロイセンでは女性の大学入学は許可されていませんでした。そのような中、ベルリン大学のプランクに聴講を許可されたのです。そして、ベルリン大学でハーンと研究することになりました。

ところが、ハーンが所属する研究所は女人禁制であり、マイトナーは地下の木工小屋にとどまって決して研究所には足を踏み入れないという条件のもと、渋々研究を許可されたのです。

そのような苦難の中にあったマイトナーですが、ハーンとの共同研究で成果を出し、研究室も与えられるようになりました。そして、プロトアクチニウムという新元素を発見し、ベルリン大学にてドイツで初めての女性教授となったのです。

その後、ユダヤ人だったマイトナーはナチスの迫害から逃れるため、ストックホルムへと逃れます。マイトナーが去ったあともドイツに残った研究グループは研究を続け、中性子を減速してウランにぶつけるとウランの半分ほどの質量しか持たないバリウムが生じることを発見したのです。1938年のことです。

この発見を知ったマイトナーは、このとき起こったのは「**核分裂**」であることを見出しました。マイトナーの知見がなければ、核分裂という現象に気づくことはなかったのです。

それにもかかわらず、核分裂発見の論文にマイトナーの名が載ることはありませんでした。そこには、ナチスの独裁下でユダヤ人であるマイトナーの名前を掲載するのが難しかったという事情もあったようです。

1939年、「ドイツの化学者ハーンが核分裂を発見した」というニュースが世界を駆け巡ります。このことがアメリカにおける原子爆弾の開発（マンハッタン計画）を駆り立てたとされます。そして、日本への原爆投下につながるのです。

多くの科学者たちが進展させた放射線の研究が、このような恐ろしいものにつながったことは残念でなりません。科学研究が人類に与える影響は恩恵ばかりではないことを知らされます。

ところで、核分裂を発見したハーンはノーベル化学賞を受賞しましたが、マイトナーが名を連ねることはありませんでした。実際には、マイトナーの発見こそノーベル賞受賞に値したと言われるにもかかわらずです。

ハーンは、ノーベル賞の賞金の一部をマイトナーへ譲り、マイトナーはそれをアインシュタインが運営する原子力物理学者の支援委員会へ寄附したそうです。

放射線の現代の姿

ここまで、放射線の正体を解明した科学者たちの足跡を辿ってきました。多くの人々の苦心惨憺《さんたん》があったことが分かります。

放射線の〝人体にとって危険なもの〟というイメージは、正しい理解と言えることを本章で述べました。

放射線は細胞中のＤＮＡに損傷を与えます。東日本大震災における原発事故で放射性物質が漏出したことは大変な問題であり、現在も解決していません。

このようにたいへん危険な放射線ではありますが、現在では安全管理のもとさまざまなところで活用されています。そして、私たちが享受する現在の生活は、放射線なくしては難しくなっているのも事実です。

この章の最後に、放射線がどのように活用されているかを紹介します。

工業分野での活用

放射線を照射することで、物質の性質を変えることができます。

例えば、タイヤのゴムに電子線という放射線を照射すると、ゴムの繊維の結合のしかたが変化します。このことを利用して、放射線の照射量を変えることでタイヤの粘着性をコントロールすることができます。

テニスのラケットに使うガットは、もともとは羊などの腸で作られていましたが、現在はナイロンなどの化学繊維で作られています。それにγ線という放射線を当てると、弾力性がアップします。

家電や車の配線を束ねるのに利用する熱収縮チューブも、放射線を当てることで「熱すると収縮する」という性質を生み出しています。

放射線の透過

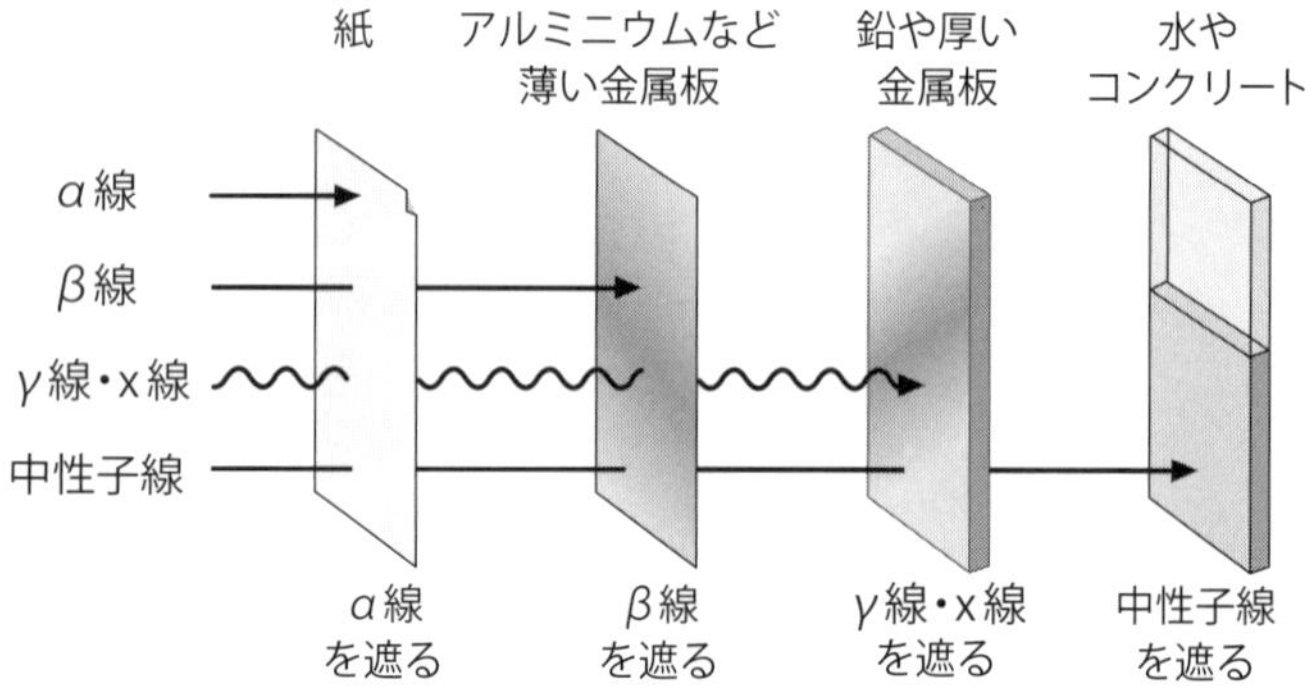

また、製紙会社でトイレットペーパーを作るときには、厚さが基準を満たしているかを検査する必要があります。これに使われるのがβ線という放射線です。

放射線の物質を通り抜ける能力は放射線の種類によって異なります。

放射線の中で最も透過力が小さいα線は、紙1枚で遮ることができます。

次いで透過力が小さいβ線の場合は、紙なら何とか通過できるくらいの透過力を持っています。ただし、紙が厚くなると透過量が少なくなります。つまり、紙の厚さによってβ線の透過量は変わるのです。β線のこの性質を利用して、紙の厚さをチェックできるのです。

似たようなものに、延伸した鉄の厚さの検査があります。何千度にも加熱された鉄の厚さを直接測ることはできないため、放射線が役立つのです。

放射線による厚さの測定は、食品包装用のラッピングフィルム、アルミ箔などにも利用されます。また、両側から掘り進めたトンネルの残り部分の厚さの測定にも利用されます。

医療分野での活用

放射線は、医療でも欠かせないものとなっています。

注射器や手術で使うメスなどの医療器具、人工血管や人工腎臓などの医療機器には、滅菌処理が必要です。滅菌には煮沸、薬品の使用などの方法がありますが、煮沸では加熱による材質の劣化が起こり、薬品を使う場合には残留リスクが生じます。

そこで役立つのが、放射線による滅菌です。放射線を照射することで、器具の滅菌を行うことができるのです。この方法なら、材質の劣化や薬品の残留といったことを心配しなくて済みます。

また、輸血する血液の滅菌も放射線照射によって行うことができます。放射線照射によって血液中のリンパ球を殺して、輸血による副作用を減らせるようになりました。

レントゲン撮影で利用されるＸ線も放射線です。Ｘ線は人体の大部分を透過しますが、

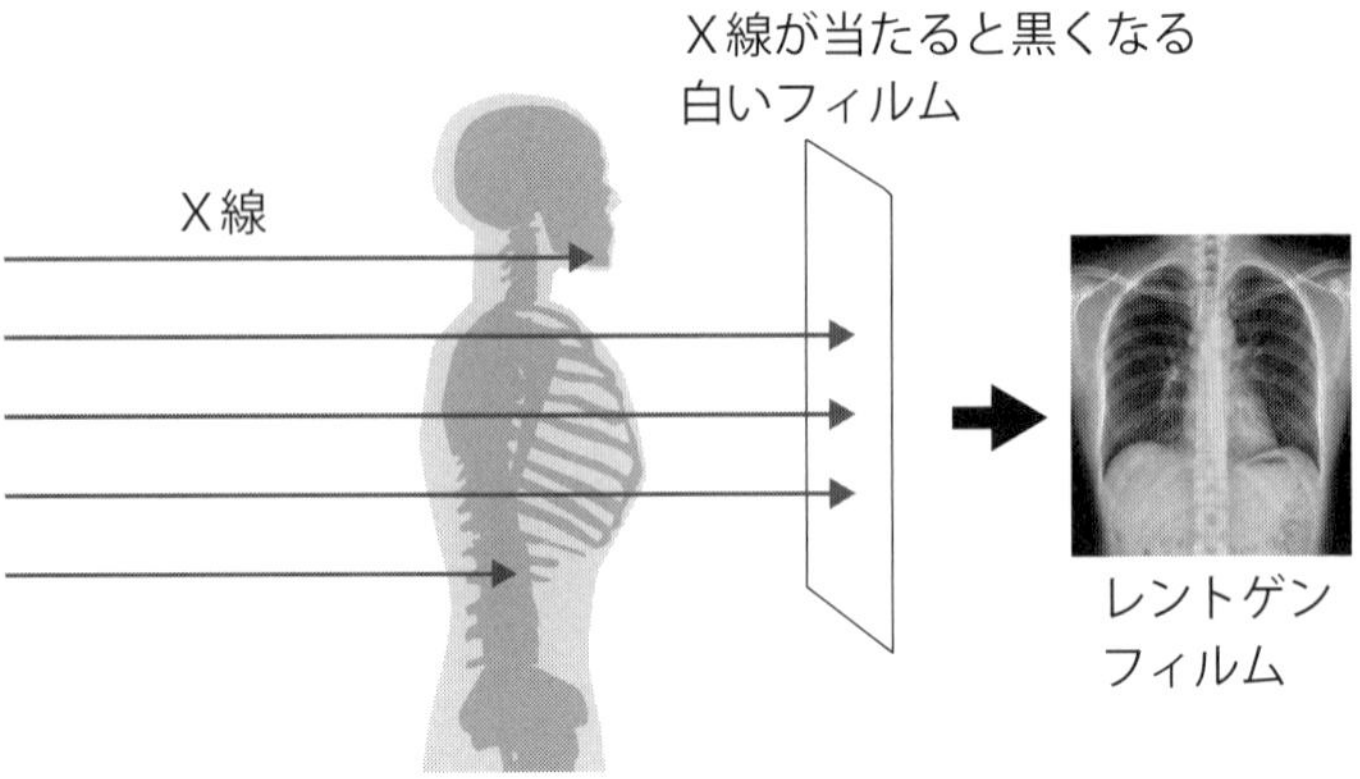

骨には吸収されます。そのため、骨の様子がフィルムに映し出されるのです。

医療での検査では、レントゲン撮影だけでなくCT（Computed Tomography：身体を輪切りに撮影でき、脳出血、脳梗塞、がんの診断に欠かせない）でもX線を照射しています。

放射線を出す物質を含んだ薬（放射性薬剤）を注射して体内に分布させ、出てくる放射線を検出するPET（Positron Emission Tomography：陽電子放出断層撮影）という検査もあります。がん細胞はエネルギー消費量が多いため、放射性薬剤はがん細胞付近に集中します。そのため、がんを発見することができるのです。

発見されたがんを治療するのにも、放射線が使われる場合があります。がん細胞にγ線を照射する治療法です。いくつもの方向から照射するγ線をがん細胞に集中させることで、正常な細胞への影響を最小限にしながらがん細胞を破壊するという方法です。

近年では、照射時に身体の表面ではほとんど反応せず内部へ入ってからピンポイントでエネルギーを発揮する重粒子線や陽子線もがん治療に用いられています。これらの治療法には、がん細胞以外へのダメージを減らせるメリットがあります。

農業分野での活用

世界では、さまざまな食品に放射線照射が行われています。ジャガイモ、タマネギ、ニンニクなどに放射線を当てると発芽を防げます。食品の長期保存が可能となるのです。また、殺虫、殺菌、熟度の調整などを目的に野菜、肉類、果実類などへの放射線照射が行われています。

日本では端境期《はざかいき》（収穫できない時期）が比較的長く、芽が毒を持つジャガイモへの照射が認められているのみです。食品への放射線照射が日本で普及しないのには、唯一の被爆国であることも関係しているようです。

放射線を利用すると、農薬を使わずに害虫を駆除することができます。まずオスの害虫に放射線を照射し、不妊化します。不妊化したオスを野生のオスより多く野外に放つと、野生虫同士の受精の機会が減り、次世代の害虫の数が減ってやがて絶滅することになります。

日本では、1993年にこの方法でウリミバエという害虫（沖縄県と鹿児島県の奄美群島で、ゴーヤやきゅうりなどに大きな被害を与えていた）を根絶することに成功しました（ただし、ウリミバエは外から島へ入ってくるので、駆除を続ける必要があります）。

さて、放射線や原子力といったものを今後私たちはどのように利用していくのでしょう?これは、現在を生きる私たちが知恵を絞って考えなければならない課題なのだと思います。

8章

電気と磁気を使いこなすまで

紀元前に見つかり17世紀から発展した電気と磁気

電気の存在は、かなり昔から知られていました。

2000年以上昔に、ギリシャ人は琥珀を布で擦ると枯葉を引きつけることを発見しました。これが、静電気の発見です。

同じように、磁石も2000年以上前に発見されたようです。こちらもギリシャ人によって見つかりました。ちなみに、見つかったマグネシア地方が「マグネット」の由来となりました。

特に磁石は、羅針盤という形で活用されるようになります。羅針盤は11世紀の中国で作られ、12世紀末までにヨーロッパへ伝えられたようです。羅針盤は航海において大いに役立ちました。

その後、1600年にイギリスの医者であり物理学者でもあったウィリアム・ギルバートは、琥珀以外のダイヤモンド、水晶、ガラス、硫黄などでも静電気が生じることを見つけました。

　また、ギルバートは静電気の力と磁石の力とは別のものであることを示し、さらには地球が磁石となっていることも明らかにしました。

　さらに時代が下った18世紀のヨーロッパでは、絹布《けんぷ》でガラス棒を擦ったときと琥珀を擦ったときでは、違う種類の静電気が生まれることが発見されました。つまり、磁石にN極とS極があるのと同様、静電気にも（プラスとマイナスの）２種類があることがこのとき明らかになったのです。

　１７５２年、アメリカの政治学者で科学者でもあるベンジャミン・フランクリンは、雷を伴う嵐の中で凧を揚げ、雷の正体が電気放電であることを明らかにしたと言われています。

　１７８５年には、フランスの土木技術者で電気学者のシャルル・ド・クーロンが、静電気を持つものの間にはたらく力も磁気を持つものの間にはたらく力も、その大きさはどちらも距離の２乗に反比例することを実験によって発見しています。

　このように、大昔から見つかっていた電気と磁気の正体は、長い時間をかけて徐々に明らかになっていったのです。

ガルバーニ「カエルの体内で生み出された電気が筋肉を動かす」

さて、人間が自由に電気を使えるようになったのは、長い歴史の中では最近になってからのことです。

電流は、電池またはコンセントから得られます。電池からは向きが一定の直流電流が、コンセントからは向きが変動する交流電流が得られます（ただし、交流を直流に変換して使う場合もあります）。歴史的には、電池の方が先に誕生しています。

まずは、イタリアの解剖学者ルイージ・ガルバーニ（1737-1798）が**電流**を発見します。ガルバーニは、助手とともに解剖したカエルの脚に火花をあてる実験を行っていました。その最中、たまたま助手がカエルの脚にメスをあて、火花をあてなくてもカエルの脚が痙攣することを見つけたのです。痙攣は、2種類の異なる金属が触れると起こることが分かったのです。

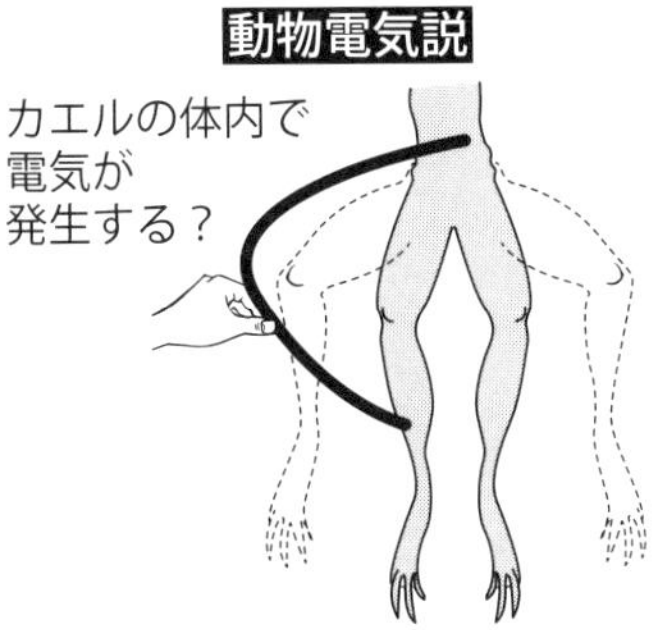

この現象について、ガルバーニはカエルの体内で電気が生み出され、これが筋肉を動かすのだと考えました。この考え方は「動物電気説」と呼ばれます。

このとき生み出された電気は、摩擦以外の方法で初めて人工的に作られたものです。

ただし、ガルバーニの「動物電気説」は間違っていました。ガルバーニの研究に強い興味を持ったのがイタリアの物理学者アレッサンドロ・ボルタ（1745-1827）です。

ボルタ「電気を発生させるのは金属だ」

ボルタは電気を発生させる原因はカエルの体内にあるのではなく、金属なのではないかと考えました。そこで、彼は自分の舌を使って実験しました。舌の上に錫《スズ》箔を、舌の裏側

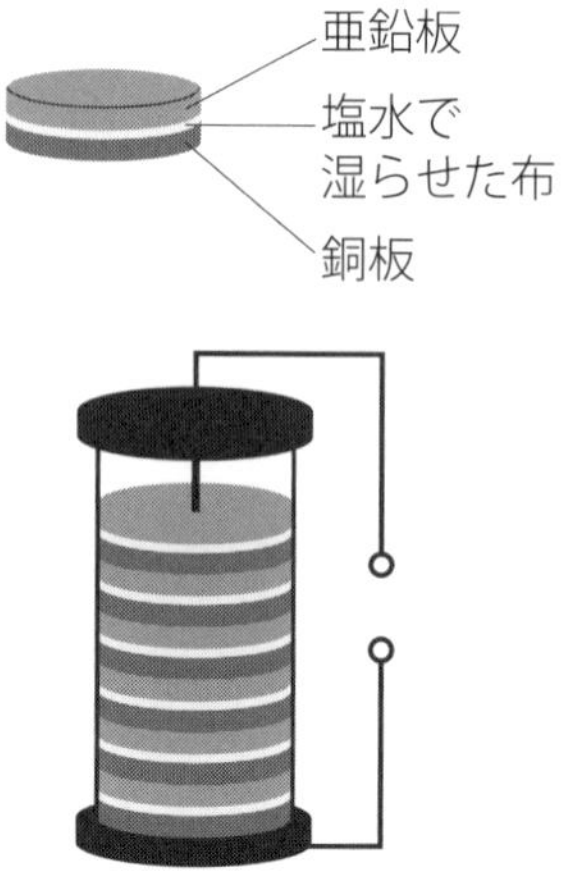

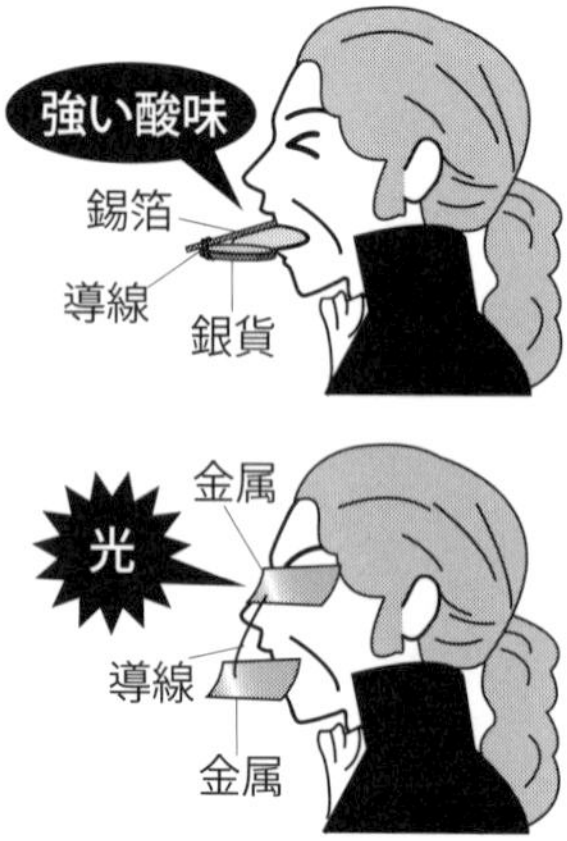

に銀貨を置いて導線で結んだのです。すると、舌で強い酸味を感じました。

今度は導線で結んだ2種類の金属を口と目に当ててみると、光を感じることも分かりました。

この結果から、ボルタは電気を発生させるのは生物側ではなく金属なのだと発見し、これを「**金属電気**」と名づけました。

ボルタは、電気を生み出す秘密は2種類の異なる金属にあると見抜きます。そして、この発見が電池の発明につながるのです。

ボルタが最初に開発したのは、何枚もの金属の円盤を積み重ね、それらの間に塩水を浸した布を挟んだハンバーガーのような装置です。このような装置から、電気を取り出せることが分かったのです。これは「ボルタの電堆《でんたい》」と

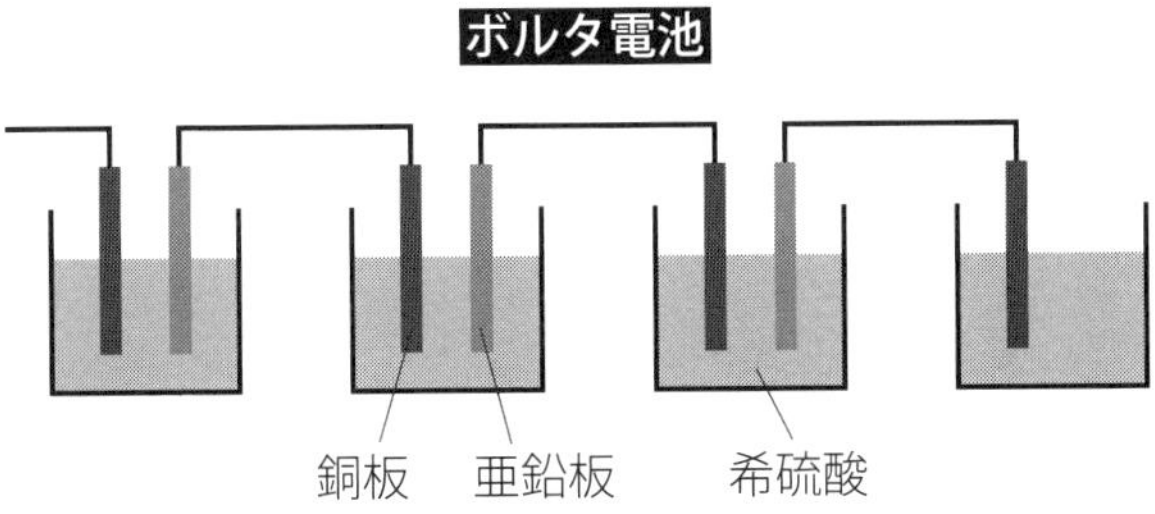

呼ばれます。

ボルタは、海底に住むシビレエイをヒントにこれを発明したと言われます。シビレエイには、敵や獲物を感電させるための発電器官があります。この中には結合組織に仕切られたいくつもの小さな板が積み重なっているのです。

ボルタの電堆は、塩水を希硫酸にすることでより多くの電気を発生させられるものへと改良されました。

それが**ボルタ電池**です。

ボルタ電池が発明されたのは1800年であり、これこそが人類が初めて発明した化学電池（化学反応を利用する電池）だったのです。最初の化学電池は、200年ちょっと前に初めて生まれたのですね。

ただし、ボルタ電池はすぐに電圧が下がってしまい、また持ち運びが容易ではありません。実用的な電池が生まれるのは、さらにもう少し後のことなのです。

このように考えると、普段当たり前のように使っている電池のありがたみが分かる気がします。

現代では電池から得る電流よりもコンセントから得られる電流の方が、圧倒的に使用量が多くなっています。コンセントから流れてくるのは、発電所で発電された電流です。太陽光発電など一部の発電方法を除いて、ほとんどの電気は電磁誘導という現象を利用して発電されています。

これについては後ほど詳しく説明しますが、電磁誘導が発見されたのは1831年です。電磁誘導の利用が始まるのは、電池の利用よりも後のことなのです。

オーム
「回路に流れる電流と電圧は比例する」

ところで、電流と言えば「**オームの法則**」を思い出すという人も多いのではないでしょうか。1826年にドイツの物理学者ゲオルク・オーム（1789-1854）によって発見された、

「回路に流れる電流と電圧が比例する」という法則です。

オームの両親は正式な高等教育は受けていなかったものの、数学、物理、化学、哲学などの知識に長けていたそうです。オームはそのような両親から教育を受け、幼少期から豊富な知識を身につけることになります。ギムナジウム（ヨーロッパの中等教育機関）は受けられる教育レベルに満足できず、自主退学してしまうほどでした。

大学へ入学後はダンス、ビリヤード、アイスホッケーにはまってしまい、大学から休学を命じられてしまいます。そして、数学や物理の教師を務めるようになりますが、その中で幾何学入門書を執筆します。これがプロイセン王フリードリヒ・ヴィルヘルム3世の目に留まり、そのおかげでオームは大学の恵まれた環境で研究に打ち込めるようになりました。

そして、オームの法則を発見するに至ったのです。

オームの法則は電気回路についての基本的で重要な法則ですが、この発見は容易ではなかったようです。というのは、1826年当時に発見されていた電池はボルタ電池くらいだったからです。

ボルタ電池には、先ほど述べたようにすぐに電圧が下がってしまうという弱点がありま

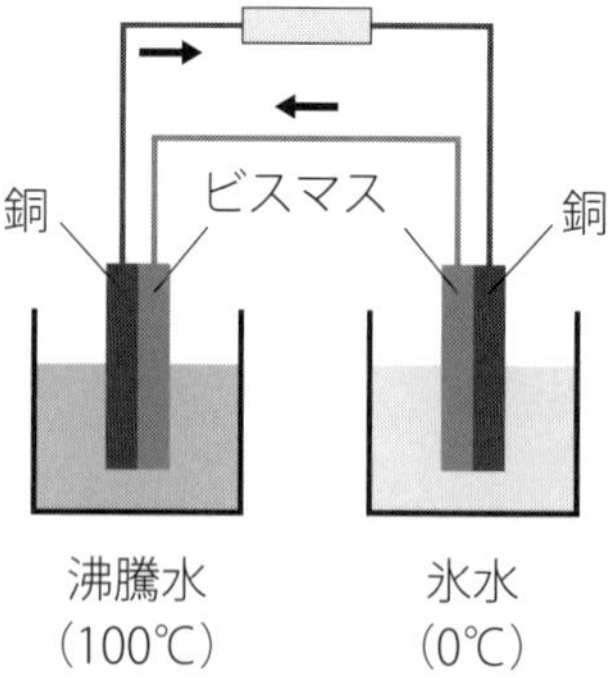

す。安定した電圧を得られなければ、法則を発見するのは難しいでしょう。

オームは、どのようにしてオームの法則を発見したのでしょう?

オームが利用したのは、1821年にドイツのゼーベックが発見した「熱電対による熱起電力効果」です。

これは、上図のように「種類の違う2つの金属を接触させたものを2組準備し、温度に差をつける」ことで電圧が発生するという現象です。

このとき、2組の金属の温度差を大きくするほど、電圧が大きくなります。このようにして電圧を変え、流れる電流がどのように変わるか調べることでオームの法則が発見されたのです。

ゼーベック効果が発見された5年後に、オームはオームの法則を発見しているのです。当時の最先端の発見を活用して新たな法則を見つけたオームの見識の高さをうかがうことができます。

エルステッド
アンペール
「電気と磁気は影響し合っている」

1820年、デンマークの物理学者ハンス・クリスティアン・エルステッド（1777–1851）は電流が磁力を生み出すことを発見しました。金属線に電流を流す実験をしていたとき、近くに置いてあった方位磁針がわずかに振れるのに気づいたのです。

エルステッドが見つけたこの現象にはオームも深い関心を寄せたそうです。

前出のギルバートは電気と磁気が異なるものであると明らかにしました。そして電気と磁気が区別されて以降、両者は無関係なものと思われてきました。しかし、そうではなかったのです。磁石が備える性質である磁気が、電気によって生み出されたのです。

電気と磁気には関わりがあることが明らかになりました。

電流が生み出す磁気の詳細は、フランスの物理学者アンペールによって求められ、「**アン**

ペールの法則」としてまとめられています。

アンペールは、幼少期から数学や物理に強い好奇心を抱きました。教育環境にも恵まれ、自然科学から哲学まで幅広く学びました。

しかし、アンペールが10代の頃はフランス革命の真っ最中であり、アンペールの父親はフランス革命に巻き込まれて処刑されてしまいます。

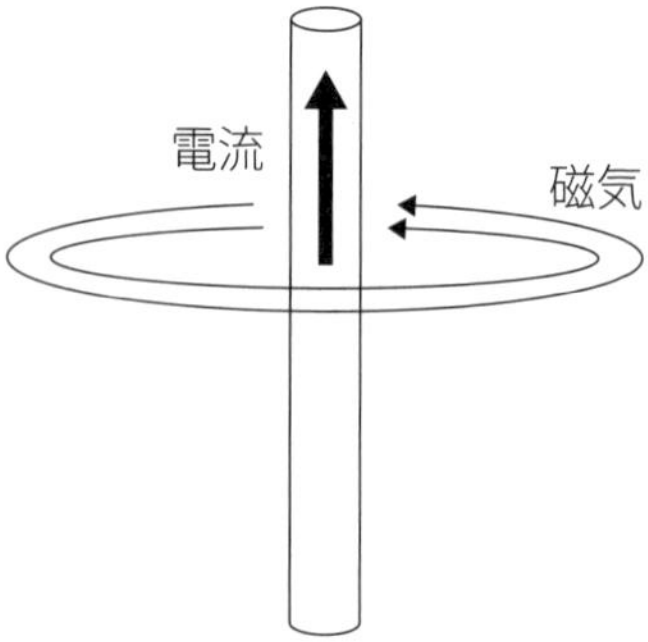

このような悲運に遭ったアンペールが立ち直れたのは、エルステッドの発見を知ったのがきっかけです。アンペールは、電流が生み出す磁気（磁場）について詳細に調べたのです。そして、「アンペールの法則」を発見しました。

これは、「電流は図の向き（電流の向きに対して右回り）の磁場を生む」「電流（導線）から離れたところほど磁場が弱くなる」とまとめられる法則です。

アンペールにより、電気と磁気が関係することが明らかになります。そして、これに続いて現代生活を支える偉大な発見がなされるのです。

1831年にイギリスのファラデーによって発見された「**電磁誘導**」です。

ファラデー「電磁誘導を見つけた」

電磁誘導は「磁場の変化によって電圧が生じる」という現象です。

例えば、ぐるぐる巻かれたコイルに磁石を近づけるとコイルに電圧が発生し、接続した検流計の針が振れます。理科の授業で見た記憶のある方も多いかもしれません。

太陽光発電以外のほとんどの発電は電磁誘導を利用して行われています。

発電の基本は、発電機を回転させることです。動力源の違いによって火力発電・原子力発電・水力発電・風力発電などに分かれますが、発電機を回転させることは共通です。発電機の中にはコイルが入っていて、回転によってコイル中の磁場が変化する構造になっています。

次ページの図でコイルが磁場に平行な向きに近づくほど、コイル中を通る磁場は少なく

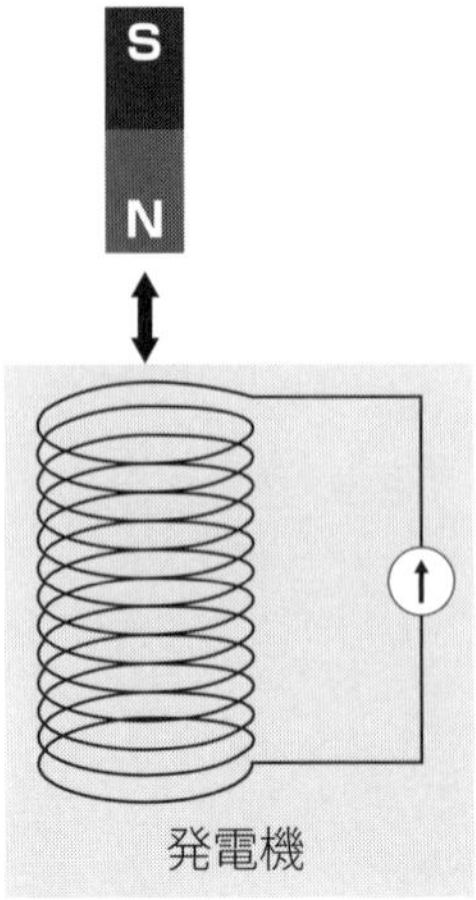

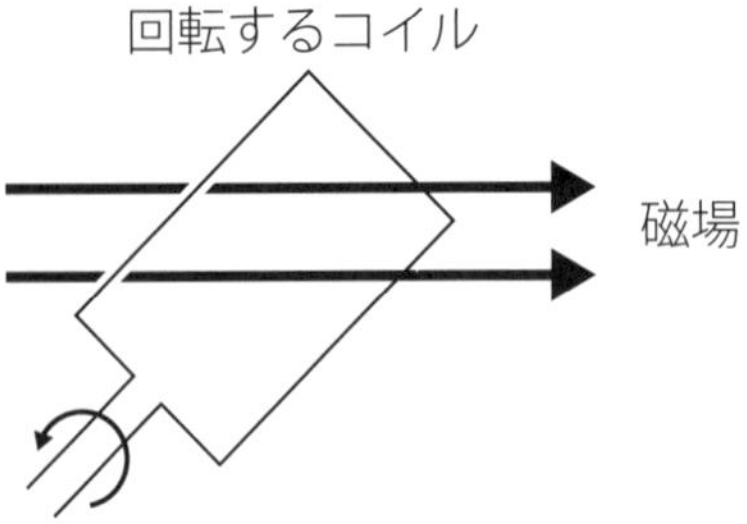

なります。逆に、コイルが磁場に垂直な向きに近づくほど、コイル中を通る磁場は多くなります。

このように、磁場中で回転するコイルを通過する磁場は変化し、そのためコイルには電圧が生じるのです。発電所では、このようにして電気が生み出されています。

電磁誘導を発見したマイケル・ファラデー（1791－1867）は、イギリスの貧しい家に生まれ、幼い頃は製本所に住み込みで働いていました。

そんな彼が、デービーという有名な化学者の講演を聞く機会を得ました。そして、講演に深い感銘を覚え、手紙を書いて懇願してデービーの助手にしてもらったのです（のちに、デービーは「私の最大の発見はファラデーに出会ったことだ」と述べることになります）。

助手となったファラデーですが、貧しかったため数学を学んでいませんでした。

これは、科学を研究する上で致命的とも言えることです。しかし、彼はひたすら実験を通して研究に取り組んだのです。そして、電磁誘導をはじめとする発見をすることになります。地道に実験に取り組むことの意味を知らされる出来事ですね。

電磁気学を完成させたイギリスの理論物理学者マクスウェルは、「ファラデーが数学者でなかったことは、おそらく科学にとって幸運なことであった」と述べています。

ここで、電磁誘導の発見につながったファラデーの実験を紹介しておきます。ファラデーは、次の3つの実験を行うことで「磁場の変化が電圧を生み出す」ことを発見しました。

実験①

鉄芯に2つのコイルを巻きつけ、コイル1に電流を流したり切ったりする実験です。このとき、コイル2にも電流が流れることが分かりました。

実験①

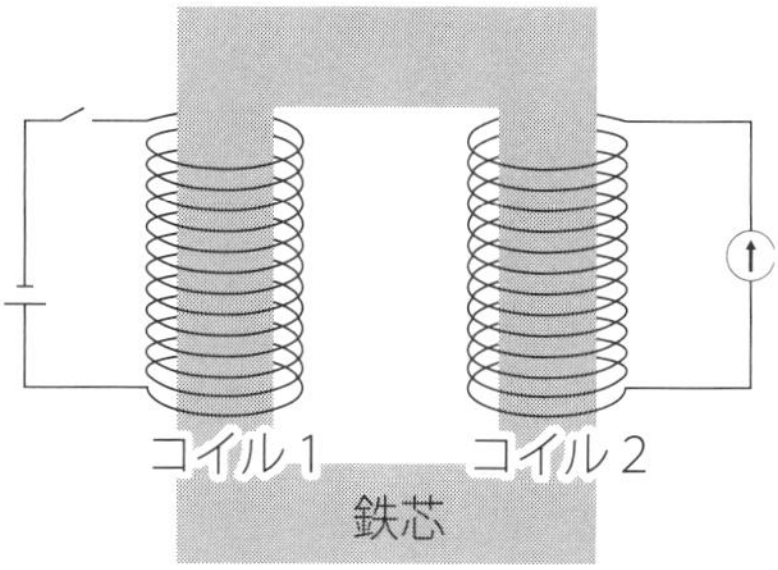

コイル1に流れる電流は磁場を生み出します。この磁場は、鉄芯を伝わってコイル2の中を通過します。コイル1に電流を流したり切ったりすると、作られる磁場が変化します。その結果、コイル2を通過する磁場が変化することになり、コイル2に電圧が生じるのです。

実験②

左の図のように磁石と鉄芯を接触させたり離したりする実験です。このとき、コイルに電流が流れることが分かりました。

鉄芯に磁石を接触させると鉄芯中を通る磁場が強くなり、離すと弱くなります。鉄芯はコイルの中に置かれているため、コイル中を通る磁場が変化することになります。そのため、コイルに電圧が生まれるのです。

実験③

磁石をコイルに近づけたりコイルから離したりする実験です。このとき、コイルに電流が流れる

実験②

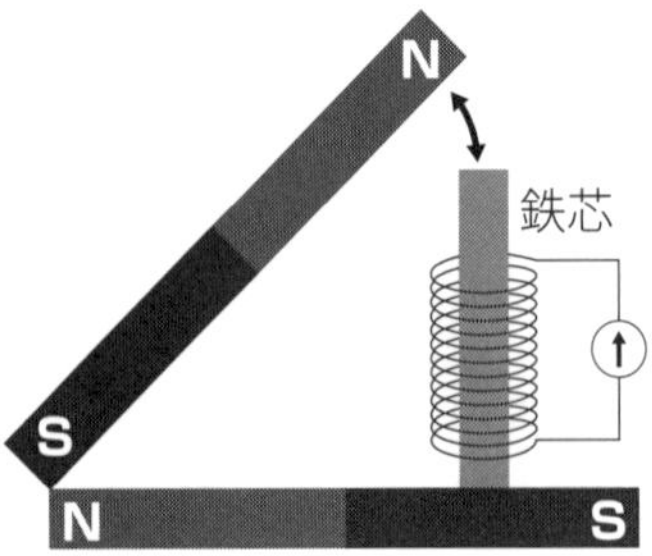

実験③

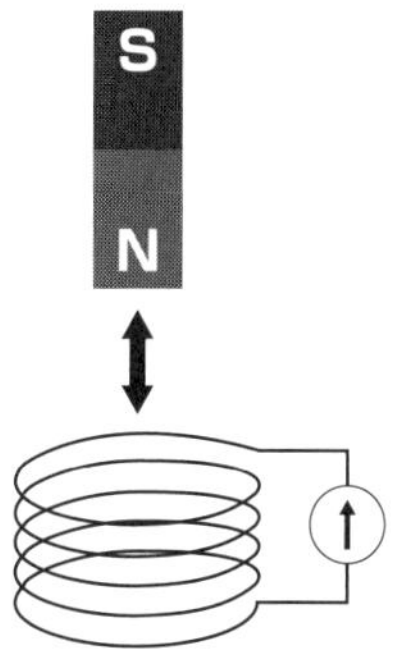

ことが分かりました。磁石がどのくらい近くにあるかで、コイル中を通る磁場の強さが変わります。そのため、コイルに電圧が生まれるのです。

これら一連の実験から、ファラデーは電磁誘導を発見しました。

ファラデーがこれらの実験を人々に披露したとき、ある人が「こんなものがいったい何の役に立つのだ？」と言ったそうです。

それに対してファラデーは、「生まれたばかりの赤子は何の役に立つのですか？」と反論したそうです。ファラデーの慧眼をうかがい知ることができますね。

現在使用されている電流のほとんどは、電磁誘導によって生み出されています。ファラデーが発見した電磁誘導が現代生活を支えているのです。

マクスウェル「電磁波が存在するはずだ」

前述の通り、電気と磁気の関係の解明に大きく貢献したのは、イギリスのファラデーです。ファラデーは数学に関する高等教育を受けていなかったため、ひたすら実験を通して探究を行いました。そのため、いくつもの新発見をしましたが、その法則性を数式の形で明らかにすることはありませんでした。

これを補ったのが、イギリスの理論物理学者ジェームズ・クラーク・マクスウェル（1831－1879）です。

マクスウェルは数学の分野において稀有な才能を発揮し、「マクスウェル方程式」という形で電磁気学を完成させた人です。マクスウェルの論文を知ったファラデーは「人生をやり直せるなら、もっと数学を学びたかった」と述べたと言われます。

マクスウェルはロンドンのキングス・カレッジの教授をしていましたが、講義や学生指導の負担を重く感じ、33歳のときに職を辞しました。そして、故郷へ戻り自分の屋敷で研究に打ち込んだのです。

これは、マクスウェルが大富豪のもとに生まれたために可能だったとも言えます。

深い思索に浸る中で、マクスウェルは電磁気学に関する法則をマクスウェル方程式という4つの方程式にまとめたのです。

ここでは中身には立ち入りませんが、非常にコンパクトな式であることは分かると思います。マクスウェルは、自然界の法則を簡潔に整理したのです。

なお、マクスウェルは電磁気学の研究だけに取り組んだわけではありません。

$$rot\vec{H} = \vec{J} + \frac{\partial\vec{D}}{\partial t}$$

$$rot\vec{E} = -\frac{\partial\vec{B}}{\partial t}$$

$$div\vec{B} = 0$$

$$div\vec{D} = \rho$$

例えば、土星の環が細かい物質塊の集合であることを求めました。これは、土星の環が安定に存在するにはそのようなものであることが必要だと、計算して求めたのです。このように、マクスウェルは数学力を活かして研究を行いました。

故郷で研究に浸っていたマクスウェルですが、強い要請を受けて40歳の頃にキャベンディッシュ研究所という、のちに30人のノーベル賞受賞者を輩出することになる研究所の初代所長となりました。

さて、マクスウェルの電磁気学に対する功績は、法則を4つの方程式にまとめたことだけではありません。4つの方程式から、電磁波というものが存在することを予言したのです。電磁波とは、「電場と磁場が交互に発生しながら伝わっていくもの」のことです。難しいですが、電気や磁気の力を伝える空間の歪みが波となって伝わっていくもの、というイメージです。

そして、マクスウェル方程式からは電磁波がどのような速さで伝わっていくかも求められました。その値は、当時知られていた光の速さ（およそ秒速30万キロメートル）と一致することが分かったのです。

このことは、身のまわりに溢れている光の正体が電磁波であることを示しています。マクスウェルの電磁気学に関する研究が、光の正体を明らかにすることになったのです。

マクスウェルは電磁波の存在を予言するだけでしたが、これを実験で確かめたのがドイツのヘルツです。ヘルツは、火花放電を起こすことで電磁波が発生することを確かめました。電磁波は目に見えませんが、受信アンテナで火花放電が生じたことから電磁波が発生した

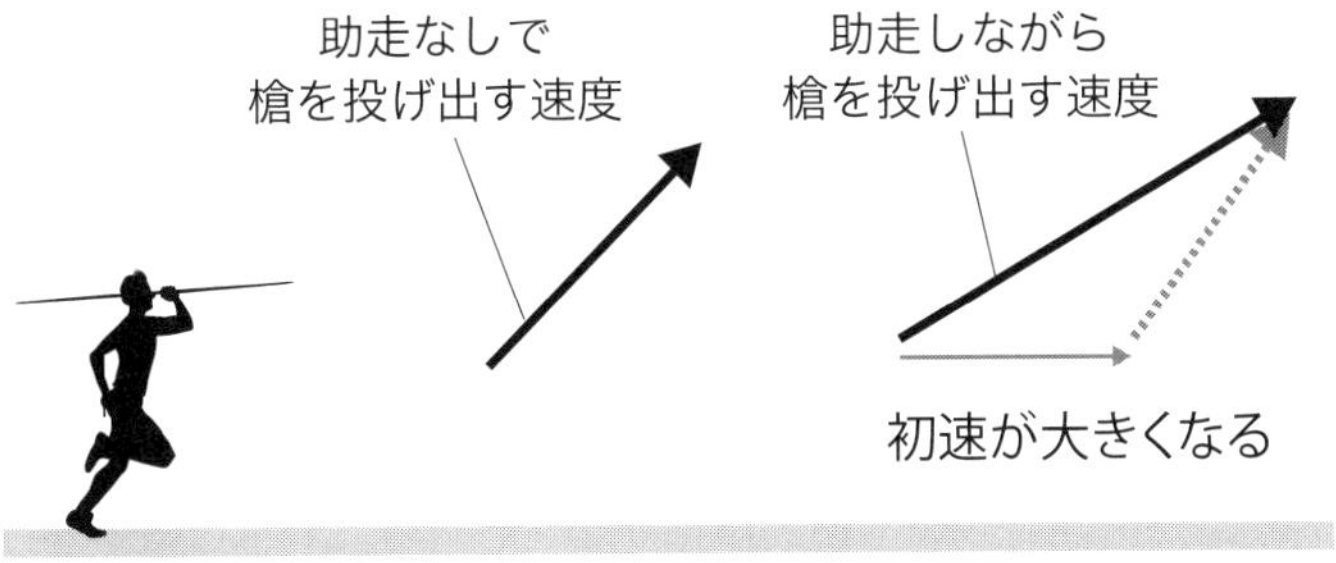

ことを確認できました。

マクスウェルは電磁波の存在を予言し、その速さが光の速さと一致することを見出しました。そして、**光の正体が電磁波である**と突き止めたのです。

なお、ものの進む速さは普通「発射装置の速度」によって変わります。

例えば、槍投げ選手は助走をつけて槍を投げます。そうすることで、槍をより大きな初速で投げ出せるからです。選手が槍を持って走っている段階から、槍には（選手の助走と同じ）速度があります。そして、投げ出すときに速度が加えられるのです。

普通に考えたら、光（電磁波）の場合も同じように光源の動きによって光の速さが変わるように思えます。

ところが、マクスウェル方程式からは光源の動きによらず光（電磁波）の速さは一定であることが導き出されるのです！

そして、本当にそうであることを実験によって確かめたのが、6章（178ページ参照）で紹介した、アメリカの物理学者マイケルソンとモーレーだったのです。

この二人のハーフミラーを用いた実験は、エーテルの存在を否定しただけでなく、マクスウェル方程式から導き出される通り、光の速さは光源の動きによらず一定であることを証明した、大きな意義のあるものだったのです。

私達の快適な生活は多くの科学者たちのおかげ

ここまで、紀元前から見つかっていた電気と磁気が深く関わっていることが分かるまでの歴史を見てきました。

そして、その関係を突き詰めることで光の正体が分かり、その速さは光源や観測者の動きに関係なく一定だという不思議なことまで分かりました。

電気と磁気の応用は現代生活に欠かすことのできないものです。私たちが快適に生活できるのは、他の章で紹介したのと同じように多くの科学者の苦労があったおかげだと分かります。

9章 相対性理論と量子の世界

20世紀から発展を始めた
ミクロの世界

「電気・磁気」の章では、電気と磁気の関わりの探究から光の正体が明らかになったことを紹介しました。さらに、マイケルソンとモーレーの実験からは、光の速さは光源や観測者の動きとは無関係に一定となることが分かりました。

この発見は、新たな理論が生まれるきっかけとなりました。

アインシュタインが確立した「**相対性理論**」です。

この章では、相対性理論について紹介します。そして、これと並んで20世紀に新しく生まれた理論である量子論との歴史の概略を紹介します。

アインシュタイン
「時間や空間は相対的なものだ」

ドイツに生まれたアルベルト・アインシュタイン（1879-1955）は、幼少期から自然科学に関心を持っていたと言われます。5歳頃に父親から与えられた方位磁針を見て、「方位磁針がいつも同じ向きを向くのは、方位磁針が目に見えない力を受けているからだろう」と考えたとも言われます。

学校では数学や物理で優れた才能を発揮しますが、語学や歴史、地理などはとても苦手であったため、チューリッヒ連邦工科大学の受験に失敗してしまいます。それでも翌年に入学を許可されましたが、好きな分野にだけ熱心に取り組み、興味のない講義にはあまり出席しなかったそうです。

大学卒業後は、スイス国籍を取得し、スイスの特許庁へ就職します。そして、特許庁での仕事をしながら研究を続け、数々の功績を挙げたのです。

さて、アインシュタインが確立した相対性理論とはどのようなものなのでしょう？　かんたんに概要を見てみましょう。

相対性理論には、「**特殊相対性理論**」と「**一般相対性理論**」があります。

アインシュタインが最初に発表したのは特殊相対論であり、一般相対論はそれから10年

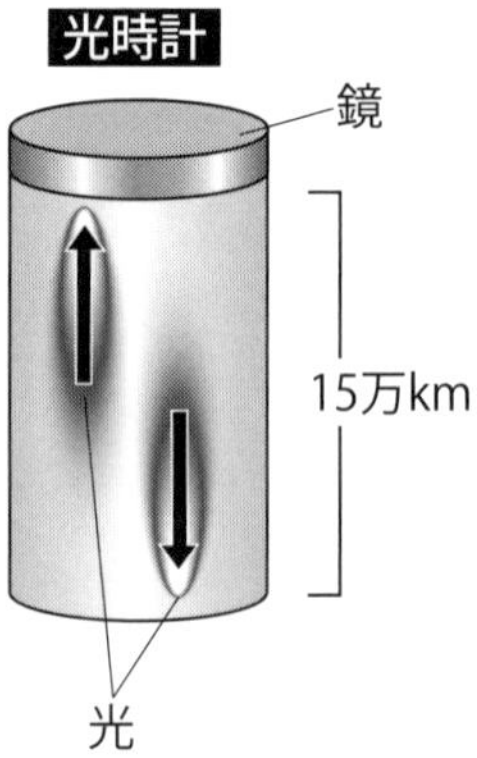

ほど経ってから発表されました。

特殊相対論では、「**時間や空間は相対的なものである、すなわち観測者によって異なるものである**」ことを明らかにしました。

これは非常に不思議なことです。普通、私たちは「時間も空間も誰にとっても共通のもの」と認識しているでしょう。しかし、「光速は光源や観測者の動きによらず一定である」という事実が、時間や空間が相対的なものであることを明らかにするのです。

まずは時間についてです。ここでは考えやすいように、右の図のような光時計という装置があるものとしましょう。そして、そのような装置を、左の図のように一定の速度で走る電車に乗せるとします。

このとき、光時計の中を光が往復するのにかかる時間が、観測者によって違って見えることになるのです。

光時計と一緒に電車に乗っている人の立場を考えてみましょう。

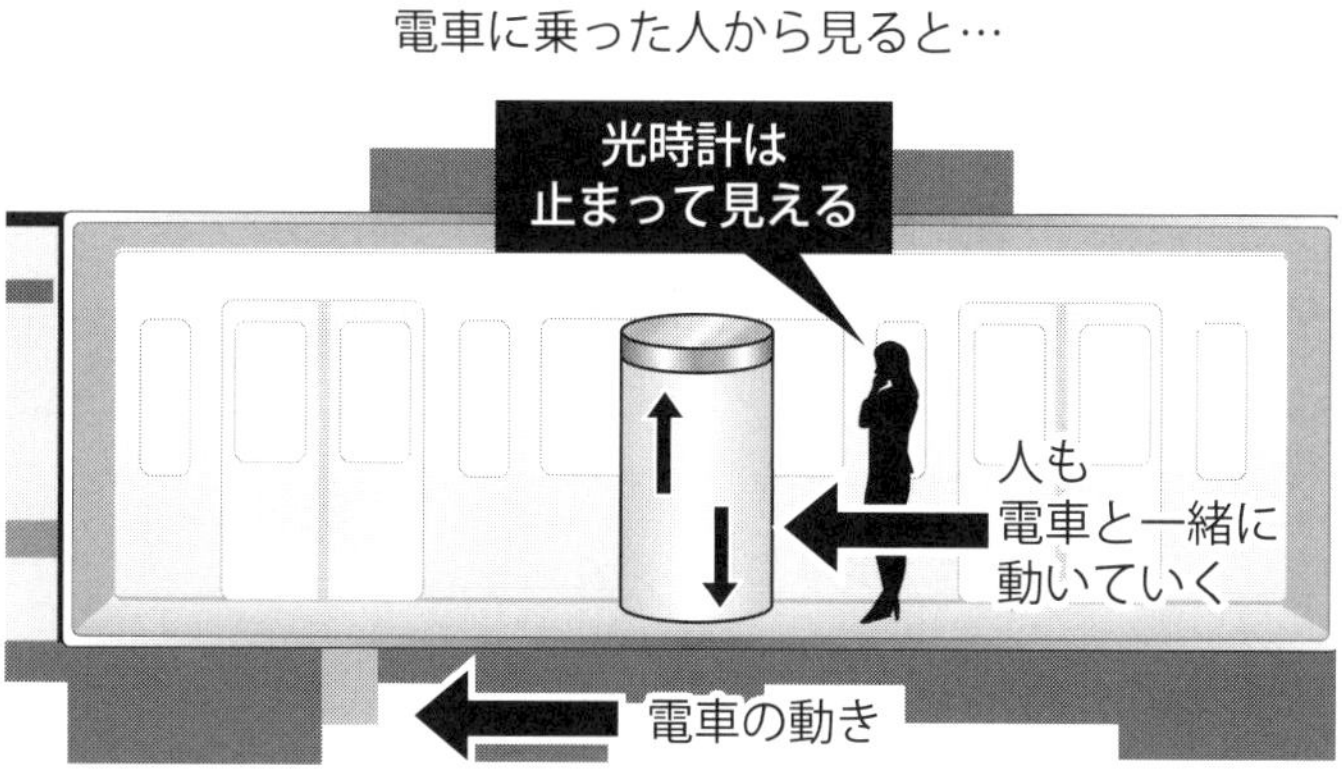
電車に乗った人から見ると…
光時計は
止まって見える
人も
電車と一緒に
動いていく
電車の動き

この場合、光は光時計の中をまっすぐ上下に往復して見えます。そのため、ちょうど1秒間で光が往復して見えるのです。

それでは、同じ現象を（電車に乗らず）地上に立っている人から見るとどうなるでしょう？

この場合は、光はまっすぐ上下に動いては見えません。光時計自体が動いて見えるからです。

地上からは、光は上下の往復運動と、光時計とともに一定速度で動く運動を同時に行って見えます。つまり、次ページの図のように見えるのです。

ここから、光が光時計の中で1往復する間に進む距離が、地上からは30万キロメートルよりも長くなって見えることが分かるのです。

ただし、このときにも光の速さは変わりません。どのような観測者から見ても、光速は一定なのでし

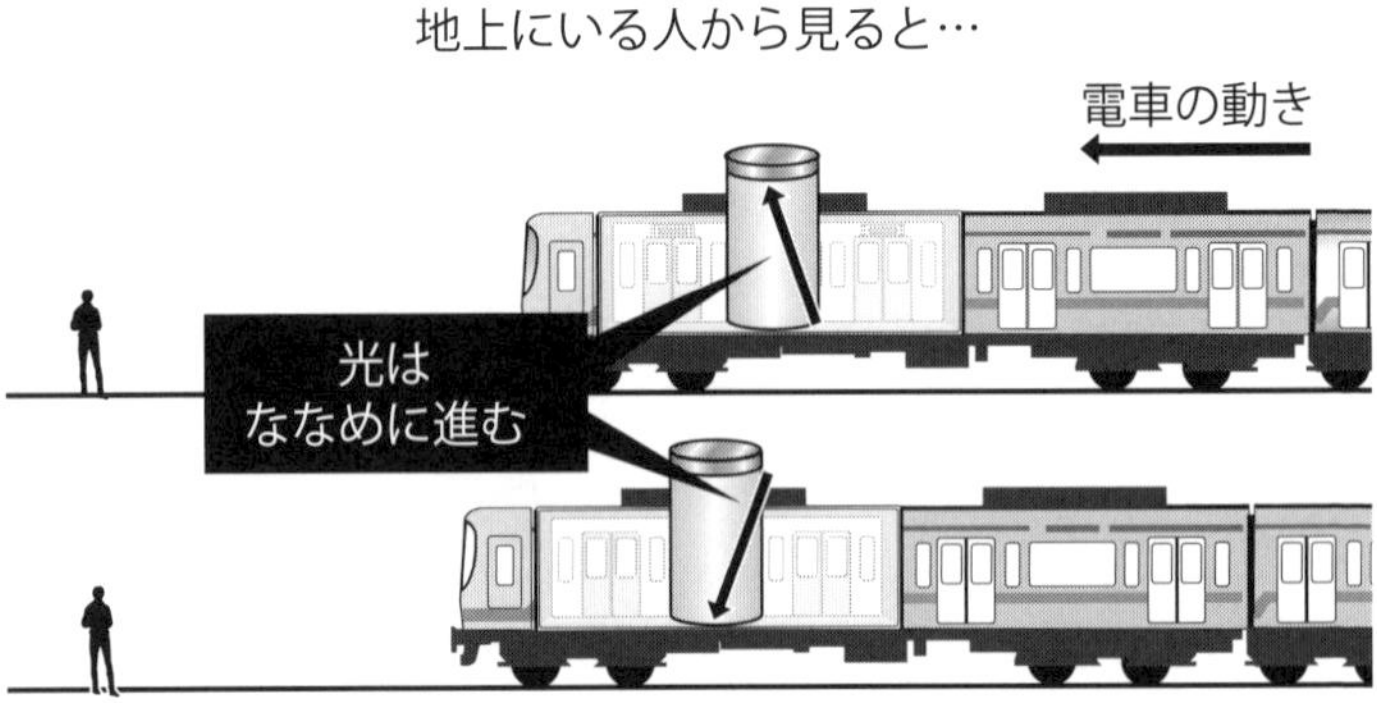
地上にいる人から見ると…
電車の動き
光は
ななめに進む

た。そのため、地上からは1秒より長い時間をかけて光は往復すると見えるのです。

ここまでの話を整理すると、光が光時計の中を往復するというまったく同じ現象を、電車に乗っている人が見た場合と地上に立っている人が見た場合とでは、かかる時間が異なるということです。これは、時間が相対的であることを示しています。時間は誰にとっても共通のもの、というのは間違いなのです。

次に、空間について考えましょう。

今、車がトンネルを一定速度で通過する状況を考えます。車がトンネルを通過するのにかかる時間は「トンネルの長さ÷車の速さ」であると思えます。しかし、実際には違うのです。

どうしてでしょう？

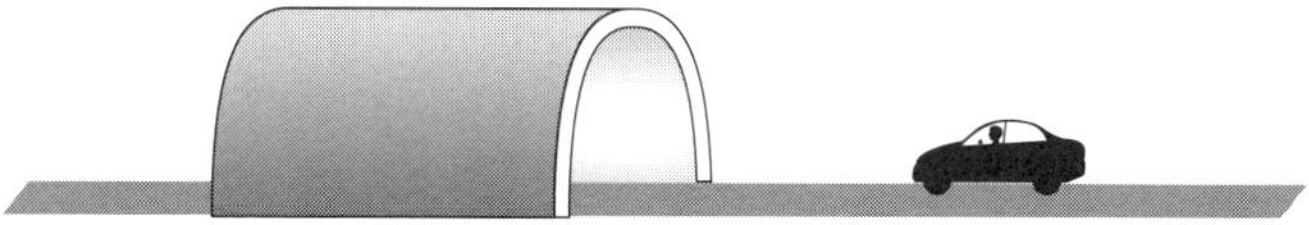
車に乗っている人から見ると…
トンネルは縮む

この状況を、地上に立っている人からどのように見えるかを考えてみます。

先ほど説明した通り、時間の進み方は相対的です。地上に立っている人からは、一定速度で動く車の中では時間がゆっくり進んで見えるのです。そのため、車がトンネルを通過するのにかかる時間は車の中では「トンネルの長さ÷車の速さ」より短くなります。

それでは、同じ状況を車に乗っている人から見たらどうでしょう？

この場合は、時間がゆっくり進むということはないはずです。ただし、車に乗っている人にはトンネルが動いて見えるという点が、地上に立っている人との違いです。

ここで、特殊相対論では「動いているものの長さは縮む」とします。車に乗っている人の立場で考えるとき、トンネルは縮むのです。そして、そのため車がトンネルを通過するのにかかる時間が短くなるのです。

以上のように、特殊相対論は時間や空間が相対的であることを示します。そして、その根本原理となっているのは「**光速が（光源や観測者の動きによらず）一定である**」ことです。

つまり、アインシュタインの相対性理論の出発点にはマクスウェルの発見があったのです。19世紀の電磁気学の発展が、20世紀初頭の相対性理論の大発見につながったのですね。実際に、アインシュタインの書斎にはファラデーとマクスウェルの肖像画が並べられていたそうです。

そして、一般相対論が生まれます。こちらも概略のみ記しますが、まず一般相対論では「空間の歪みが重力を生む」ことを明らかにします。

ちょうど、左ページの図のようなイメージです。私たちの目には見えませんが、このように空間が歪んでいるために質量を持ったものは互いに引きつけあう、というわけです。

さらに、この歪みによって時間の進み方も変化するとします。時間と空間は密接につながっており（これを「時空」と言います）、質量を持つ物体の周囲の「時空」が歪んでいるというわけです。

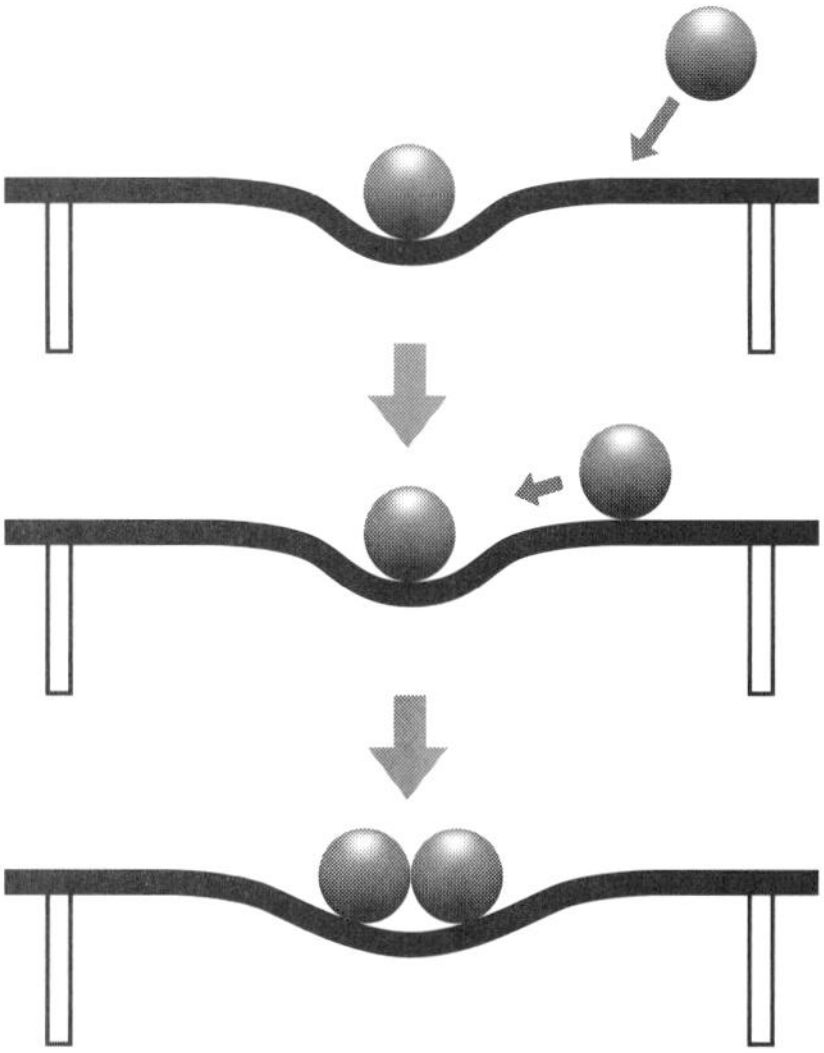

重力が強いところは、時空が大きく歪んでいるところです。そのため、重力が強いところほど時間がゆっくりと進むことになります。

例えば、地上では地表面からの距離によってごくわずかですが重力の強さが違います。地表面から離れるほど重力は弱くなります。そのため、地表面から離れているところほど時間が速く進むことになるのです。

本当にそんなことがあるのでしょうか？

もちろん、普通の時計で測っても分からないごくわずかなずれなのですが、現在ではこれを測定する技術が誕生しています。「光格子時計」です。

光格子時計は、３００億年経っても１秒も狂わないほどの正確さを持つ時計です。

２０２０年、東京スカイツリーの地上階と展望台のそれぞれに光格子時計を設置し、時間の進み方を比較する実験が行われました。

その結果、地上階に比べて展望台では1日あたり10億分の４・26秒だけ時間が速く進んでいることが分かったのです。

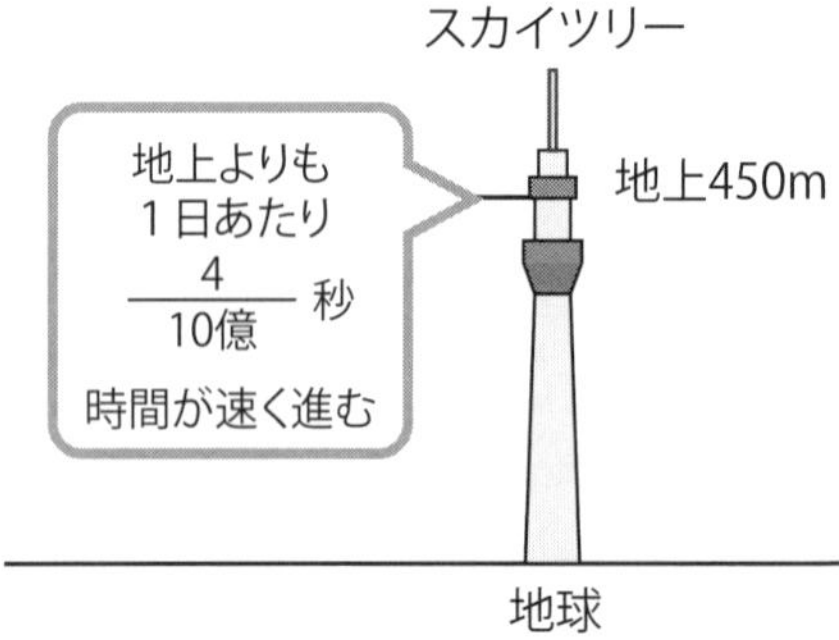
スカイツリー
地上450m
地上よりも
１日あたり
$\frac{4}{10億}$ 秒
時間が速く進む
地球

なお、歪んだ時空を通過するとき、光は直進しません。歪んだ時空には、光を曲げるはたらきもあるのです。

このことは、１９１９年に南半球で皆既日食が観測されたとき、確かめられました。太陽の近くに見える星が、本来より太陽から離れた位置に観測されたのです。

これは、左ページの図のように星からの光が時空によって曲げられながら進んできたためです。

この観測を行ったのは、イギリスのエディントンという人です。ケンブリッジ大学教授やケンブリッジ天文台長を歴任した、20世紀前半を代表する天体物理学者です。

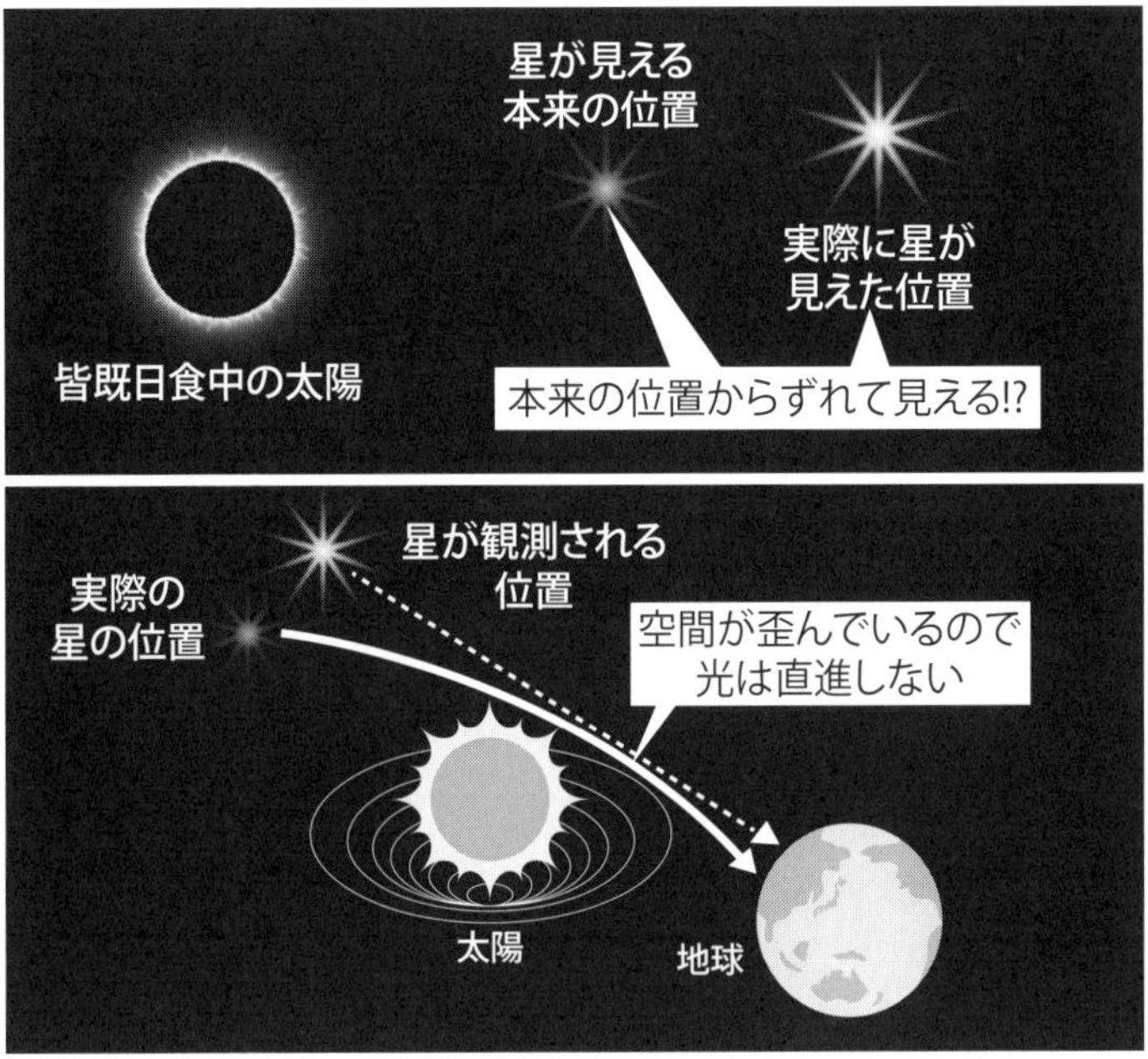

そして、相対論と並んで現代生活を支えているのが**量子論**と呼ばれる物理学です。

こちらも20世紀に入ってから発展したものです。現在、パソコンやスマホといったもののない生活はほとんど考えられなくなっていると言ってもよいでしょう。半導体の進化とともにこれらの性能は向上し続けていますが、半導体は量子論を基礎としたものなのです。

プランク「光のエネルギーは飛び飛び」

19世紀末から20世紀にかけて活躍したドイツの物理学者マックス・プランク（1858-1947）は、「量子論の創始者」と呼ばれます。量子論の幕開けに大きく貢献し、1918年にはノーベル物理学賞を受賞しますが、ナチス政権への協力を拒み続けたため個人的には極めて不遇でした。

第一次世界大戦では長男を亡くし、次男はヒトラー暗殺計画に加わったため処刑されてしまいました。また、ベルリン郊外にあった住居はベルリン大空襲によって焼失してしまいました。

プランクが研究したのは、黒体放射です。

天気の良い日に洗濯物を干すと、黒色の服はすぐに乾きます。これは、白色のものは光をよく反射するのに対して、黒色のものは光を反射せず吸収するからです。光を吸収するため、黒く見えるのです。ただし、黒いものでも温度が高くなると自ら光を発するようになります。数百度程度の温度では目に見える光は出ませんが（目に見えない赤外線という光は放出されます）、数千度まで上がると目に見える光も発せられるようになります。

プランクが研究したのは、このときの温度と放出される光の色の関係なのです。当時のドイツでは製鉄業が発展を始めており、溶鉱炉の鉄の温度を正確に知る必要性が生じていたのです。ただし、当時は数千度もの温度を正確に測定できる機器はありませんでした。そこで、放出される光の色から温度を知ろうとしたのです。

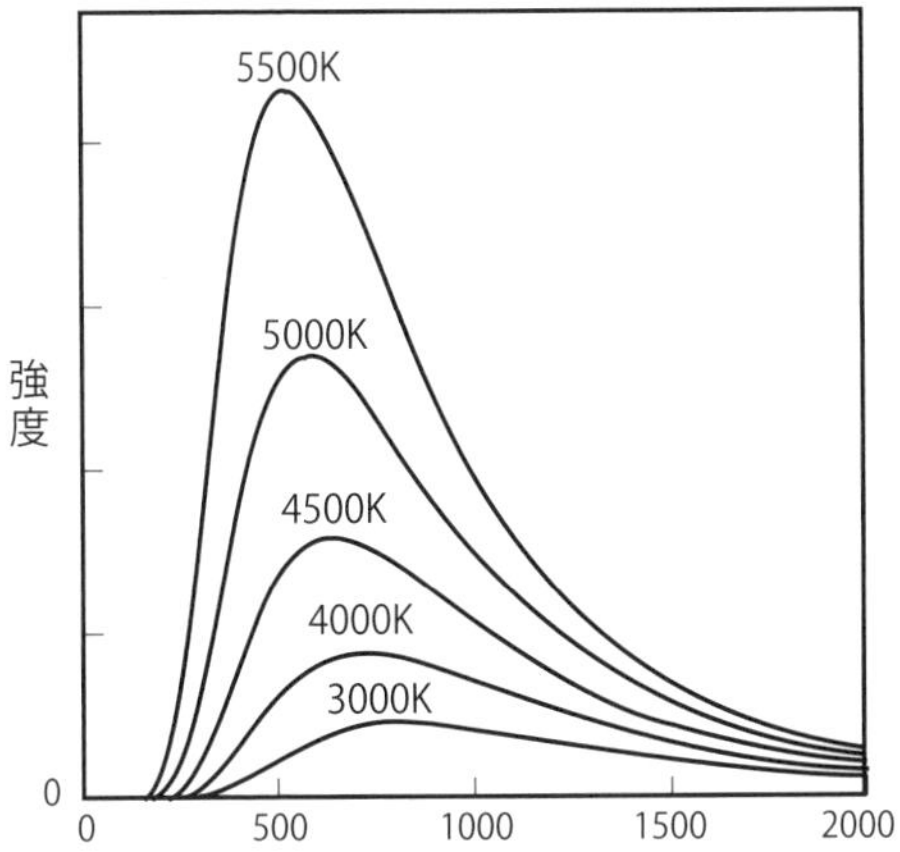

黒体放射の波長
（4C@CC BY-SA 3.0）

さて、プランクは黒体から放出される光の色（波長）は、上図のように温度とともに変化することを見出しました。

黒体の温度が高くなるほど、放出強度がピークとなる光の波長は短くなるのです。黒体放射の観測からこのような関係が分かったのですが、このようになる理由を当時の

（19世紀までの）物理学ではうまく説明できませんでした。

そこで、プランクは「光のエネルギーは1個、2個と数えられるような小さなかたまりになっており、その値は飛び飛びである」と考えました。すると、黒体放射の観測結果をうまく説明できるとしたのです。

プランクの考えは難しいですが、簡潔には次のように説明できます。

振動数νの光のエネルギーは、$h\nu$、$2h\nu$、$3h\nu$…という飛び飛びの値の塊になっている（hはプランク定数」と呼ばれる定数）。これは光のエネルギーが粒のようなものと捉えられ、それらの和が光全体のエネルギーであると理解できる。

さて、プランクのこの考えは何かに似ていないでしょうか？

そうです、これは182ページで登場したアインシュタインの**光量子仮説です**。

本書ではアインシュタインの光量子仮説を先に述べましたが、時代的にはプランクの発見が先です。プランクの「光のエネルギーは飛び飛びの値の塊になっている」という考えが、アインシュタインの発想につながったのです。

いずれにしても、プランクやアインシュタインは19世紀までの物理学で世の中のすべての現象を説明できるわけではない、物理学はまだ完成していないのだということを明らかにしました。

それは、目に見えない小さな世界（ミクロな世界）のことです。

19世紀までの物理学は、目に見える大きな世界（マクロな世界）のことを明らかにしてきました。プランクらの発見を出発点として発展した量子論は、それまで手がつけられていなかったミクロな世界の謎を解き明かすものなのです。

プランクは、ミクロな世界においてエネルギーは飛び飛びの値をとる（連続的に変化できない）ことを示しました。光のエネルギーは$h\nu$、2$h\nu$、3$h\nu$…という値はとれるけれども、例えば1・5$h\nu$という値をとることはできないということです。

この考えは、19世紀までの物理学にはありませんでした。飛び飛びの値に制約されるという考えは、量子論の大きな特徴と言えます。

ボーア「電子は特定の半径の軌道上だけを回っている」

この考えを原子の中の電子に当てはめたのが、デンマークの物理学者ボーアです。

ニールス・ボーアは26歳で渡英し、ラザフォード（98ページ参照）と知り合い、彼の研究所に出入りするようになります。

原子の中心に原子核があることを見つけたラザフォードの関心は、その周りにある電子がどのように安定して存在しているのかということに移っていました。

というのは、当時「電子は原子核の周りを回っている」という考えはありましたが、これではうまく説明できなかったのです。回転運動する電子はエネルギーを放出するはずであり、そのためエネルギーを失ってすぐに原子

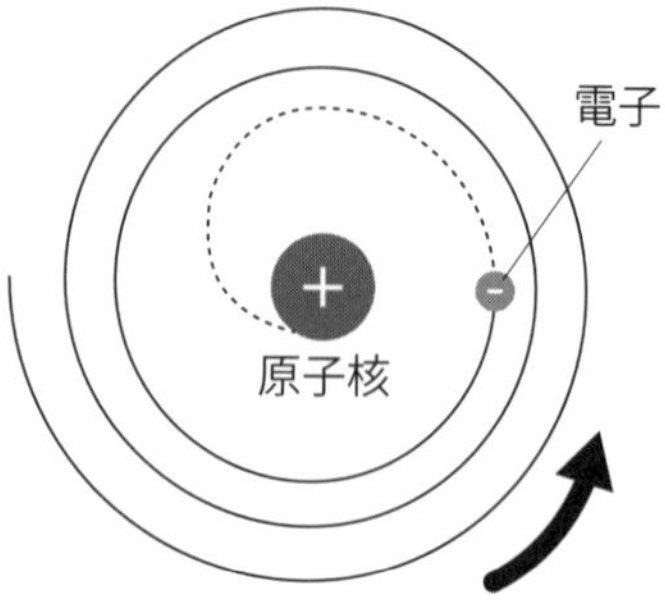

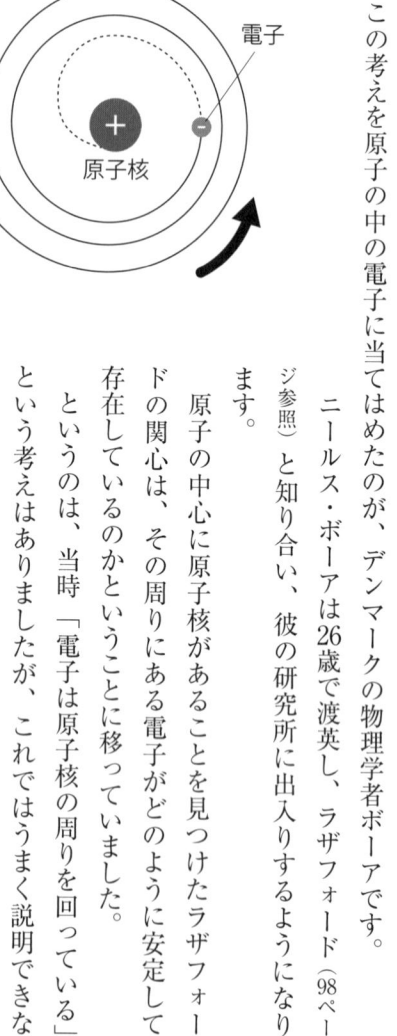

水素原子が放出する光（飛び飛びの波長）

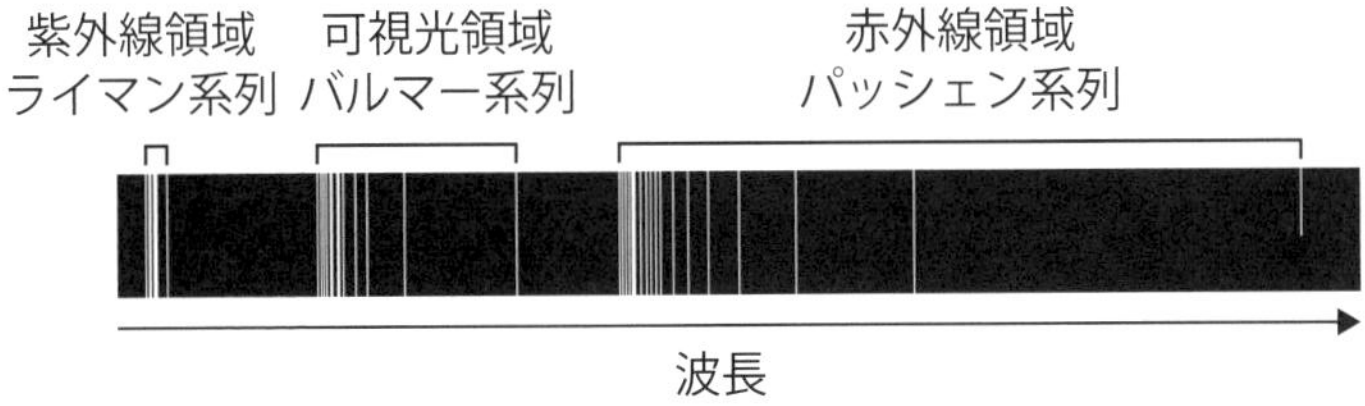

核へと落ち込んでしまうはずだからです。

そして、もしも電子が右ページの図のように軌道を変えながら円運動をすると、波長（色）が連続的に変化する光を放出するはずなのです。

ところが、当時水素原子は上の図のように、飛び飛びの波長（色）の光しか放出しないことが分かっていました。電子が原子核の周りを回っているという考えは、このように行き詰っていたのです。

この状況を打開したのが、ボーアです。

ボーアは、原子の中で電子は次のように存在しているのだと考えました。その理論については3章（102ページ〜）で説明しているので、ここでは重要なところだけ箇条書きで紹介します。

・電子は特定の半径の軌道上だけを回っている（定常状態）。定常状態にある電子は光を放出しない。

・電子は異なる軌道へ移動することがある。電子のエネルギーは軌道によって異なるので、電子が移動するときには移動前後のエネルギーの差と同じエネルギーを持つ光を放出する。

ド・ブロイ「すべての物質は波である」

ボーアが大胆な仮説を提唱したのは、1913年のことでした。ボーアはどうして電子は特定の軌道だけを回り、どうしてそのときには光を放出しないのか、説明しませんでした。このようなボーアの仮説に根拠を与えることは可能なのでしょうか?

それが明らかになったのは、ボーアの発表から10年以上が経過した1924年のことです。フランスの物理学者ルイ・ド・ブロイによる「物質波」の発見です。「ド」は貴族の称号を表すものであり、ド・ブロイ(1892-1987)は名門貴族の家に生まれた人です。フランスの首相を2期務めたアルベール・ド・ブロイの孫でもありました。

ド・ブロイは、「**すべての物質は波である**」という、これまた大胆な考えを提唱したのです。

ド・ブロイの発想は、アインシュタインの「波動である光には粒子の性質もある」という光量子仮説（182ページ参照）を逆転させたものです。「波である光に粒の性質があるのなら、粒である物質に波の性質もあるだろう」というわけです。

さて、ボーアは粒子である電子が原子核の周りの特定の軌道を回っていると考えたわけですが、ド・ブロイの考えによれば、これは「波動である電子が特定の軌道を回っている」とも言えるわけです。そして、電子を波動と考えれば、特定の軌道にしか存在しない理由が明らかになるのです。

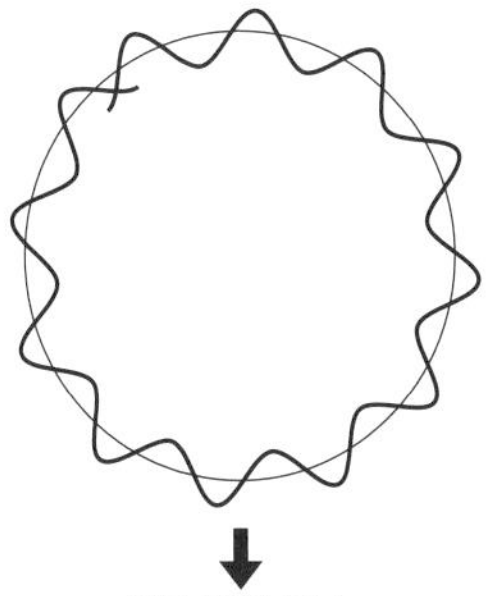
電子の波の山や谷の位置が
ずれていく
波は消える

波動である電子は、原子核の周りを何周もします。この様子は次のように表すことができます。

さて、上の図の場合、周回のたびに電子の波の山や谷の位置がずれていきます。そのように位置のずれた波がいくつも重なることになり、その結果波は消えてしまうのです。

電子の波の山や谷の位置が
一致しつづける場合もある

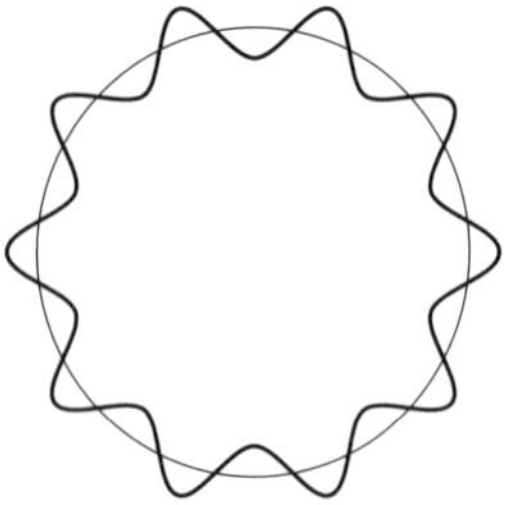

ただし、上の図のように何回周回しても電子の波の山や谷の位置がピタリと一致し続ける場合もあります。

この場合には、電子の波は消えず安定して存在することになります。ボーアが言った電子が存在できる特定の軌道とは、このことだったのです！

電子が波として存在するというド・ブロイの考えが、ボーアの仮説に根拠を与えることになったと分かります。

なお、電子が波動の性質を持つことは、１９２７年にアメリカの物理学者デヴィッソンとガーマーによる実験で確かめられました。

彼らは、ニッケルという金属の表面に電子のビームを当て、反射する電子が干渉を起こすことを発見しました。

「干渉」は、波に特有な現象でした（１７５ページ参照）。干渉を起こすことは、波動の性質を持つことの決定的な証拠と言えるのです。

シュレディンガー「電子の波を方程式で表した」

電子が波の性質を持つというド・ブロイの考えを知り、研究を深めた人にオーストリアの物理学者シュレディンガーがいます。

理論物理学を学んだエルヴィン・シュレディンガー（1887－1961）は、第一次世界大戦への従軍を経て、スイスのチューリッヒ大学の教授となります。古代インドのヴェーダンタ哲学に傾倒しながらも、物理学の研究を続けました。そして、ド・ブロイの考えに触発され、この後説明するシュレディンガー方程式を誕生させます。

シュレディンガーは、女性に関する奔放なエピソードでも有名です。例えば、本妻がいるにもかかわらず、友人の夫人およびその間に生まれた娘と同居しつつ、さらに他の女性にも情愛を注いだと言われます。

さて、シュレディンガーは1926年にシュレディンガー方程式を発表します。これは、

$$i\hbar \frac{\partial \Psi(x,t)}{\partial t} = H\Psi(x,t)$$

電子がどのような波として伝わっていくのかを表すものでした。

上記のシュレディンガー方程式の中にある$\Psi(x,t)$は「波動関数」と呼ばれ、シュレディンガー方程式の解に当たります。

つまり、シュレディンガー方程式を解くことで波動関数$\Psi(x,t)$を求められるということです。シュレディンガー方程式を用いることで電子の波を波動関数$\Psi(x,t)$によって表せるようになるのです。

ところで、波動関数$\Psi(x,t)$は具体的に何を表すのでしょう?

このことについては、次ページの上に示したように解釈されます。

つまり、シュレディンガーが導き出した方程式を解くことで、ある瞬間にある位置に電子が存在する確率を知ることができるということなのです。

シュレディンガー方程式の登場によって、ミクロな世界を数学的に考察することができるようになりました。

シュレディンガー方程式から得られる波動関数は、電子がどこで見つかるかという確率を表すものだと解釈されました。

ある時刻 t にある位置 x に電子が存在する確率は、

$|\Psi(x,t)|^2$ に比例する

このように、ある現象が「確率的に決まる」という考え方が量子論の大きな特徴です。

量子論の研究は、母国デンマークの首都コペンハーゲンに研究所を構えたボーアを中心に、そこに集まった多くの優秀な研究者によって発展しました。そこで、このような確率解釈は「コペンハーゲン解釈」と呼ばれます。

1章で紹介した19世紀までの物理学（古典物理学）には、確率解釈はありませんでした。

例えば、ある速度で投げたボールが何秒後にどこに着地するかといったことは、（風などの条件が決まれば）1つに決まるはずです。これがニュートン以来の古典物理学の考え方であり、私たちの感覚にも合致するものです。

しかし、ミクロな世界を覗く量子論は、これに異を唱えるのです。ある瞬間に電子を観測したらどこで発見されるか、といったことは確率的にしか決まらない（確率的にしか求められない）というのです。

これを非難した代表的な人物が、**アインシュタイン**なのです。

アインシュタインの有名な言葉に、「神はサイコロ遊びを好まない」というものがあります。量子論は、世界はサイコロを振って何の目が出るかといったことと同じように決まるとしたからです。

現在ではコペンハーゲン解釈は標準的なものとされていますが、異を唱える物理学者もいます。ミクロな世界の研究は、現在進行形なのです。

シュバルツシルト「ブラックホールが存在するはずだ」

ここで、アインシュタインが完成させた相対性理論は、宇宙論につながったことを紹介します。私たち人類は地球上にいながらも、はるかかなたの宇宙の姿について知見を深めてきました。そこには、相対性理論が大きく貢献しているのです。

まずは、誰でも一度は聞いたことがあるであろうブラックホールについてです。

ブラックホールは、1916年にドイツの物理学者カール・シュバルツシルト（1873–1916）がその存在を示したものです。シュバルツシルトは、アインシュタインの一般相対論の方程式を用いて、ブラックホールの存在を導き出したのです。

第一次世界大戦において、シュバルツシルトはドイツ軍砲兵技術将校として従軍します。ロシア軍と交戦しますが、塹壕の中では弾道計算以外には特にすることがなく時間を持て余していたそうです。そのような中で、アインシュタインの一般相対論の方程式を知ります。そして、ブラックホールの存在を導き出したのです。

さて、シュバルツシルトが発見したブラックホールは、実際に宇宙に存在していることが現在では分かっています。

ブラックホールとは、どのようなものなのでしょう？

一般相対論は、重力は時空の歪みによって生じることを明らかにしました（244ページ参照）。私たちは地上で重力を感じて生活していますが、これは地球の巨大な質量が時空を歪ませているためです。時空が歪んでいるために、上空に向かって投げ上げたものは地表へ戻ってくるのです。

ただし、地球による時空の歪みはそれほど大きくありません。というのは、ロケットを用いれば地球の重力圏を脱出することは可能だからです。もしも時空の歪みがより大きければ、ロケット程度の速度では脱出不可能になります。

では、どのような場合に時空の歪みは大きくなるのでしょう?

それは、質量が狭いエリアに集中したときです。

地球の半径は6400キロメートルほどですが、もしも質量はそのままでサイズだけが小さくなったら、時空の歪みはより大きくなります。そして、もしも半径9ミリメートルの球にまで縮んだとしたら、地球はブラックホールになるのです!

地球がブラックホールになるというのは、光でさえも地球の重力から逃れられなくなることを示します。地球より質量が巨大である太陽なら、半径3キロメートルの球に縮むことでブラックホールになります。

宇宙にはブラックホールが存在しますが、これはもともとは太陽のように光り輝く星だったものが、寿命を迎えた後にブラックホールへと変わったものです。

光り輝く星の内部では、核融合という反応が起こっています。核融合は水素などのガスを燃料として起こる反応ですが、燃料が尽きれば核融合も止まります。これが星の寿命です。そして、その後は重力によって星は縮んでいき、最終的にブラックホールになることがあるのです。ただし、ブラックホールになるには少なくとも星の質量が太陽の数十倍ある必要があります。

さて、ブラックホールは光を放出しません。それなのに、どうしてブラックホールを観測できるのでしょう?

ブラックホールの観測は、間接的に行われます。

ブラックホールの重力は強力で、周囲の恒星からガスを剥ぎ取ってしまいます。そして、そのガスは回転しながらブラックホールに吸い込まれていきます。このときに起こる摩擦によって大きなエネルギーが発生し、X線が放出されるのです。ブラックホールの観測は、このX線の観測を通して行われます。

ただし、この方法ではブラックホールが誕生する瞬間を観測することはできません。人類は別の方法でブラックホール誕生の瞬間をとらえることに成功しています。

重力波の観測です。

一般相対論は、時空の歪みが重力を生み出すことを明らかにしました。そして、アインシュタインはこの時空の歪みはさざ波のように伝播していくことも予言したのです。

これが重力波です。

アインシュタインが存在を予言した重力波ですが、重力波による時空の歪みは極めて小さなものであるため、簡単に観測できるものではありません。一般相対論が発表されてから100年ほどもの間、人類は重力波の観測には成功しなかったのです。

それが、アメリカのLIGO《ライゴ》(Laser Interferometer Gravitational-Wave Observatory)という観測装置によって成し遂げられたのです。2015年のことです。実に、アインシュタインの予言から100年越しでの観測だったわけです。

LIGOが観測したのは、地球から13億光年も離れたところで起こった2つのブラックホールの合体によって発生した重力波です。人類がブラックホール合体の証拠を初めてとらえた瞬間です。

重力波観測の成果は、2017年にノーベル物理学賞の対象となりました。

ガモフ「ビッグバンがあったはずだ」

最後に、この宇宙はどのように誕生したのかという謎について考えましょう。

現在有力なのは**ビッグバン理論**と呼ばれるものであり、1946〜1948年にかけてアメリカの理論物理学者ジョージ・ガモフ（1904-1968）が提唱したものです。

まずは、ビッグバン理論が生まれる背景となった宇宙の膨張について説明します。

1922年、ロシアの数学者フリードマンは、一般相対論をもとに行った計算から、宇宙は膨張しているはずだと述べました。

そして、1929年にアメリカの天文学者ハッブルは、遠方の銀河からやってくる光の観測から宇宙が膨張している証拠を見つけます。

ハッブルは、遠方の銀河からやってくる光ほど波長が本来よりも長くなっていることを発見したのです。これは、遠方の銀河が地球から遠ざかっているために起こる現象です。

さて、宇宙が膨張を続けているなら、過去に遡るほど宇宙は小さかったはずです。そのように考えていくと、宇宙の始まりは非常に密度の高い状態だったと推測できるわけです。密度が高く温度も非常に高い状態だったと考えられます。

ガモフのビッグバン理論は、宇宙がこのような超高温、超高密度の状態から大爆発を起

遠方銀河が静止している場合にやってくる光

遠方銀河が遠ざかっている場合にやってくる光

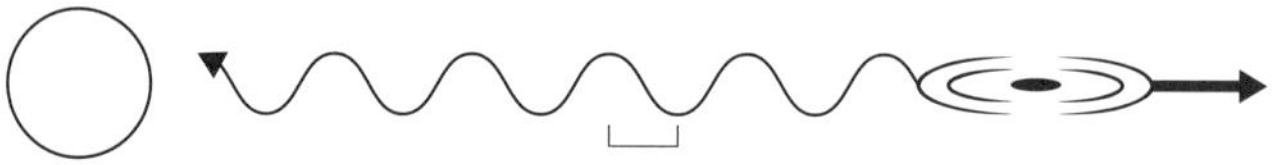

こして始まったとするものです。超高温、超高密度の状態では物質は壊れてしまっていたはずです。原子といったものさえも形成されていなかったと考えられます。

このような状態から、膨張する中で次第に、原子核、原子といった構造が生まれ、さらにそれらが集まってもろもろの物質が形成されてきたのだと考えられています。

ところで、「ビッグバン」というネーミングは、当初はネガティブな意味で使われたようです。ガモフがビッグバン理論を提唱した頃、天文学者の間には「宇宙は悠久不変であり、膨張などしていない」という考えが根強く残っていました。アインシュタインも、最初は膨張宇宙説を受け入れませんでした。

そのような中で、「爆発したのはガモフの頭だろう」と揶揄する意図で「ビッグバン・アイディア」という言葉が使われたと言われます。

これを聞いたガモフは面白がり、「いいね！　その言葉をいただいてしまおう」と「ビッグバン理論」という言葉を使うようになったのです。

ユーモア溢れるガモフの性格を覗き見ることができる話です。

ガモフの後に続く研究者たち

現代では、膨張する宇宙像が明らかになっています。それにしても、どうして宇宙は膨張を続けているのでしょう?

宇宙空間には多数の天体があり、それらの間には引力がはたらきます。その影響を考えたら、宇宙は最初に膨張を始めたとしてもその勢いは衰え、やがて収縮に転じるようにも思えます。しかし、実際には宇宙は膨張を続けており、しかも膨張速度が加速していることも分かっているのです。

宇宙の加速度的膨張の源は「ダークエネルギー」というものであると考えられています。ただし、その正体が分かっているわけではありません。

観測技術を高め、宇宙についての知見を深めてきた人類ですが、まだまだ分からないことばかりなのです。分かったことが増えたからこそ、分からないことが増えたとも言えます。ここに、自然科学の探究の深みがあるのかもしれません。

今後も科学は発展を続けるでしょう。次はどんな世界像を明らかにするのか、楽しみでなりません。

【著者紹介】
三澤信也（みさわしんや）
長野県生まれ。東京大学教養学部基礎科学科卒業。長野県の高校で理科教育に取り組んでいる。
『図解いちばんやさしい相対性理論の本』『日本史の謎は科学で解ける』『こどもの科学の疑問に答える本』『東大式やさしい物理』（ともに彩図社）、『入試問題で味わう東大物理』『入試問題で楽しむ相対性理論と量子論』（ともにオーム社）、『教養としての中学理科』（いそっぷ社）など著書多数。

世界を変えた科学史

2024年11月20日　第1刷

著　者　三澤信也

発行人　山田有司

発行所　株式会社　彩図社《さいずしゃ》

〒170-0005 東京都豊島区南大塚3-24-4 MTビル
TEL:03-5985-8213
FAX:03-5985-8224

印刷所　シナノ印刷株式会社

URL　https://www.saiz.co.jp
https://twitter.com/saiz_sha

　ISBN978-4-8013-0715-5　C0040